Einfach machen!

Einfach machen!

DER GUIDE
FÜR GRÜNDERINNEN

KATHARINA MARISA KATZ
mit Illustrationen von Sarah Neuendorf

KNESEBECK

Inhalt

Vorwort

Die Vorstellung, sich selbstständig zu machen, löst bei vielen Menschen Sehnsüchte und Träume aus, aber eben auch (Existenz-)Ängste und eine Unmenge an Fragen. Oft schlummern Ideen und erste Konzepte jahrelang in der Schublade, weil uns die Furcht vor diesem vermeintlich so großen Schritt schlicht und einfach überfordert.

»Hallo, mein Name ist Katharina Katz, und ich bin selbstständig.«

Dieser Satz zieht oft einen ganzen Ansturm an Fragen nach sich. Was machst du genau? Kannst du davon leben? Wie sieht es mit Urlaub oder Krankheit aus, oder arbeitest du wirklich ständig? Woher kommen deine Kunden?

Oft haben diejenigen, die diese Fragen stellen, selbst schon einmal daran gedacht, den großen Schritt in die Selbstständigkeit zu wagen. Dabei wirkt genau dieser Schritt meist viel größer, als er tatsächlich ist.

Ich habe einige Jahre in der Berliner Start-up-Szene gearbeitet und dort gesehen, was es heißt, wenn eine Idee Erfolg hat. Wenn plötzlich aus einem kleinen Team eine große Firma wird. Ich habe die Gründerinnen immer genauso angeschaut, wie mich jetzt, drei Jahre später, viele anschauen: neugierig, irgendwie fasziniert. Aber tauschen? Das hätte ich mir damals nicht zugetraut.

Und das, obwohl ich genau zu diesem Zeitpunkt in einem Dilemma steckte, mit dem viele Kreative irgendwann zu kämpfen haben. Ich hatte mich in meinem Job bewiesen, und weil man mich fordern und fördern wollte, durfte ich ein eigenes Team übernehmen. Dieses Team wuchs zusehends – und mit ihm die Aufgaben: kalkulieren, delegieren, aktivieren und nun meinerseits andere fördern. Was auf der Strecke blieb, war meine kreative Arbeit, denn nun war ich hauptsächlich Manager und ziemlich weit weg von meinem eigentlichen Job.

Als ich das merkte, gründete ich mit einer befreundeten Fotografin neben meinem Vollzeitjob ein Onlinemagazin zu meiner großen Leidenschaft: dem Thema Food. Hier machten wir alles selbst: die Presse, das Projektmanagement, die Betreuung der Kunden. Und ich stellte fest, dass mir auch diese Bereiche Spaß machen, wenn ich kreativ voll gefordert bin.

Die 3-Tage-Woche

Nach und nach kam unser Onlinemagazin in Schwung. Wir gingen Kooperationen ein, wir verdienten unser erstes Geld, und schließlich wurden wir mit dem German Food Blog Award für Innovation ausgezeichnet. Auf einmal erzielten wir richtig viel Aufmerksamkeit für unsere Arbeit und erhielten auch beide wiederholt Anfragen zu neuen Pro-

jekten. Ich wurde gebeten, mir Konzepte für andere Magazine und Blogs zu überlegen, bekam Aufträge als freie Redakteurin, und mein Netzwerk baute sich stetig weiter aus.

Irgendwann war das alles neben einer regulären 5-Tage-Woche zu viel, und ich entschied mich, meine feste Stelle auf drei Tage zu kürzen. Die neu gewonnene Zeit nutzte ich, um meine freien Jobs auszubauen. Ich bot meine Leistungen selbst an, schrieb zum ersten Mal Angebote und freute mich über die positiven Rückmeldungen. Ich merkte, dass mir all diese Aufgaben Spaß machten, und ich wollte mehr. Ich wollte sie ausprobieren – die Selbstständigkeit.

Obwohl ich bereits über mehrere Monate bewiesen hatte, dass meine Spezialisierung auf das Schreiben über Food funktionierte, war mein Umfeld skeptisch. Würde ich auch wirklich davon leben können? War das Ganze vielleicht nur ein Hype, eine Phase?

Für mich dagegen stand der Entschluss fest, und ich konzentrierte mich auf mein wichtigstes Mantra zu der Zeit: Sollte ich scheitern, suche ich mir einfach einen anderen Job. Ich habe ja nichts zu verlieren! – Mir gab das die nötige Sicherheit, um den Schritt zu wagen.

Der Sprung in die Selbstständigkeit

Mein erstes Jahr bot mir einen sehr soften Einstieg. Nach einigen Monaten der nebenberuflichen Selbstständigkeit kündigte ich und konnte anschließend mit Unterstützung des Gründungszuschusses voll durchstarten und mich auf die Selbstständigkeit konzentrieren. Ich reiste drei Monate um die Welt, arbeitete von unterwegs, schrieb Artikel und Reportagen und brachte jede Menge Material und »Futter« mit zurück. Ich konnte bereits im ersten Jahr davon leben.

Im zweiten Jahr explodierte die Foodszene förmlich. Ich konnte mich vor Anfragen kaum retten und machte die wichtige Erfahrung, mich von Projekten und Sicherheiten trennen zu müssen. Ich verließ unser Onlinemagazin, der Gründungszuschuss lief aus – und ich erreichte trotzdem mein Gehalt der letzten Festanstellung.

Das verflixte dritte Jahr

Bis die Steuererklärung durch ist, dauert es in der Regel bis Mitte des Jahres. Und so trat bei mir Mitte des dritten Jahres genau das ein, was vielen Einzelunternehmern das Genick bricht. Ich musste die berühmte Steuernachzahlung leisten – und das nicht zu knapp. Hinzu kamen die erhöhten Vorauszahlungen für das nächste Jahr und eine Sommerflaute im Umsatz. Zwar hatte ich das Geld zurück gelegt und auch einen Steuerberater an meiner Seite, aber dennoch kamen bei mir zum ersten Mal massive Zweifel auf: Ist das wirklich das Richtige, was ich hier tue? Die viele Arbeit, die Unsicherheit, die schlechte Planbarkeit. Wie oft hatte ich im vergangenen Jahr Verabredungen und sogar kleine Reisen kurzfristig abgesagt oder verschoben? Wie oft die Geduld meiner Freunde und meiner Familie auf die Probe gestellt?

Während ich mir noch Gedanken machte und Alternativen durchspielte, entwickelten sich allerdings der bisher größte Auftrag meiner Karriere und die Idee für dieses Buch. Und genauso ist die Selbstständigkeit: fordernd, zehrend, aber auch aufregend und voller wunderbarer Chancen!

Das Buch

Ich möchte jeder von euch, die mit dem Gedanken an die Selbstständigkeit spielt, ein paar Ideen, Tipps, Ratschläge und Weisheiten mit auf den Weg geben, die ich am Anfang selbst gern bekommen hätte. Dafür habe ich mehr als 20 selbstständige Macherinnen getroffen, die sich alle mit ihrer Idee, ihrer Leidenschaft und einem richtig starken Willen etwas Eigenes aufgebaut haben. Gemeinsam geben wir unser Wissen weiter, damit sich die kreative Illustratorin von diesem Buch genauso abgeholt fühlt wie die Frau, die schon lange zu Hause Schmuck fertigt und jetzt endlich ein kleines Label gründen möchte. Die zukünftige Café-Besitzerin, Ladeninhaberin oder auch die Start-up-Gründerin mit der innovativen Idee – sie alle sollen hier wertvolle Tipps für sich finden. Wir wollen euch mit diesem Buch inspirieren und ermutigen und euch für euren Weg in die Selbstständigkeit stärken.

Überblättern, zurückblättern, überspringen und mit den Interviews beginnen ist also absolut erlaubt. Jede kann genau dort beginnen, wo sie sich gerade wohl und abgeholt fühlt.

Idee

KAPITEL 1

Von der Idee zum Konzept

Wir haben oft viele Ideen im Kopf, einige setzen sich fest, und man überlegt, könnte ich davon leben? In diesem Kapitel schauen wir uns an, wie aus einer Idee ein Konzept wird, das die Grundlage für deine Selbstständigkeit bildet.

MIT

Fränzi Kühne TLGG

Thema Mut

Ein Neuanfang, egal in welcher Form, bedeutet auch immer, etwas Altes aufzugeben. Beim Weg in die Selbstständigkeit muss man sich zum Beispiel von der Sicherheit verabschieden, die ein geregelter Job bietet. Ja, das erfordert Mut! Aber je besser du deine Idee durchdenkst, umso sicherer wirst du dich mit deiner Entscheidung fühlen. Den Mut, deine Idee in ein Konzept umzuwandeln – dahin soll dich dieses Kapitel führen.

„Die Möglichkeit zu scheitern darf einen nicht abschrecken – denn der Weg genau dorthin ist unglaublich spannend, inspirierend und toll!"

FRANZISKA VON HARDENBERG | BLOOMY DAYS

Macherin

Franziska von Hardenberg hat 2012 das erfolgreiche Blumen-Abo-Modell Bloomy Days gegründet. Im Januar 2017 lag Bloomy Days weit vor dem Businessplan, die Kanzlerin kam zu Besuch. Im September folgte die plötzliche Insolvenz. Ihr großartiger Umgang mit diesem abrupten Ende macht Franziska heute erfolgreicher und stärker als zuvor.
www.franziskavonhardenberg.com

In den seltensten Fällen wacht man eines Morgens mit der Idee für eine mögliche Selbstständigkeit auf, hat direkt den Businessplan im Kopf, Finanzierungs- und PR-Konzept in der Tasche und legt los. Die wenigsten kündigen von heute auf morgen ihren Job und stürzen sich in die Verwirklichung ihrer Idee. Zu stark ist der Wunsch nach Sicherheit, einem geregelten Einkommen und planbaren Arbeitszeiten. Ganz zu schweigen von der bangen Frage, ob die eigene Idee überhaupt gut genug ist.

Diese Unsicherheit kennt jeder von uns. Bevor du dich an die weitere Planung deiner Selbstständigkeit machst, überleg dir darum ganz in Ruhe: Was macht dir Angst, und was genau wäre das Schlimmste, das dir mit deiner Selbstständigkeit passieren könnte? Dabei merkt man dann oft, dass dieser allerschlimmste Fall gar nicht so furchtbar wäre, wie die Angst einem weismachen will.

„Eine Freundin hat irgendwann zu mir gesagt: »Setz dir doch einfach eine Deadline. Du musst ja nicht für immer selbstständig bleiben, wenn es nicht dein Ding ist oder nicht funktioniert. Setz dir ein Limit von sechs Monaten, und wenn es danach nicht so ist, wie du dir das vorstellst, machst du eben wieder was anderes.« Diese Sätze waren für mich wie ein Schalter im Kopf. Plötzlich erschien mir alles viel realistischer und einfacher. Es ist keine Entscheidung für mein Leben, sondern erst mal nur für den Moment."

ANNA ALEX | OUTFITTERY

Macherin

Anna Alex hat zusammen mit Julia Bösch 2012 das Start-up Outfittery gegründet. Sie haben seitdem Investitionskapital im zweistelligen Millionenbereich eingesammelt und mit ihrer personalisierten Versandbox, die komplette Outfits enthält, die Welt des Onlineshoppings für Männer verändert.
Im Juli 2018 verlässt Anna Alex Outfittery, um sich neuen Projekten zu widmen.
www.outfittery.com

> **„Wenn du eine gute Idee hast, an die du glaubst, und außerdem ein Mensch mit Durchhaltevermögen und Ehrgeiz bist, dann geht das in den wenigsten Fällen schief. Wenn man etwas wirklich machen will, dann schafft man das auch!"**

ANNE HÖWELER | COVER COMMUNICATIONS

Macherin

Anne Höweler ist die Gründerin von Cover Communications, einer Marketing-Agentur, die früh das Potenzial von Social Media und Influencern erkannt hat und heute mit 20 Angestellten beweist, dass sie ein wirklich gutes Gespür für Trends hat.

www.cover-communications.com

Schreib deine Sorgen auf ein Blatt Papier. Daneben notierst du dein Sicherheitsnetz, also die Punkte, die dir helfen könnten. Nehmen wir als Beispiel das Thema Finanzen und die Angst, nicht von der eigenen Selbstständigkeit leben zu können. Diese Sorge schreibst du auf die linke Seite des Papiers und überlegst dir ganz konkret mit einer Kostenaufstellung, welche Ausgaben du jeden Monat hast, was du also benötigst, um deinen Lebensunterhalt sicherzustellen.

Dem stellst du dein Sicherheitsnetz gegenüber. Das kann zum Beispiel sein, dass du als Single ohne Kinder recht niedrige Ausgaben hast und flexibel bist. Wenn du dir also am Anfang noch einen Nebenjob abends in einer Bar suchst, könntest du damit deine Grundkosten schon einmal decken. Das ist deine Sicherheit.

Wenn du aktuell noch fest angestellt arbeitest, kannst du dir ebenfalls ein Auffangnetz bauen. Halte ein halbes Jahr lang dein Geld zusammen und lege alles, was übrig ist, für die erste Zeit deiner Selbstständigkeit zur Seite. Dieser Puffer ist dein Sicherheitsnetz, mit dem du zur Not die ersten Monate überbrücken kannst.

Vielleicht hast du sogar Anspruch auf eine Förderung (mehr dazu in Kapitel 5). Diese kann dich die ersten Monate oder das erste Jahr deiner Selbstständigkeit unterstützen.

Aller Wahrscheinlichkeit nach wirst du dein Sicherheitsnetz nie brauchen. Aber es tut unheimlich gut zu wissen, dass es da ist!

Lege am besten einen zeitlichen Rahmen für deine Selbstständigkeit fest und mach dir klar, was danach deine Optionen sind. Und vergiss nicht: Wenn du nicht mehr selbstständig sein möchtest, kannst du jederzeit wieder eine Festanstellung oder auch einen Teilzeitjob suchen, um das Risiko deiner Selbstständigkeit überschaubar zu machen. Du triffst keine Entscheidung für dein Leben – aber vielleicht die beste Entscheidung deines Lebens!

Manchmal sind es Kleinigkeiten, die einem am Anfang Kopfzerbrechen bereiten. Fünf Tipps um Startschwierigkeiten zu überwinden:

LASS DICH NICHT AUFHALTEN

Kein Startkapital? Für die wenigsten Sachen brauchst du direkt zu Beginn ein Riesenbudget oder gar einen Investor. Also einfach mal anfangen!

Kein Büro? Wenn noch kein Geld dafür da ist, geh in einen Coworking Space, in ein Café oder arbeite zunächst von zuhause aus. Du brauchst kein Büro, um anzufangen.

Keine Webseite? Falls dir das nötige Budget oder die richtige Idee noch fehlt, starte doch mit einer Domain, auf der »Coming soon« steht, oder einer Seite mit deinen Kontaktdaten.

Keine Visitenkarten? Es reißt dir niemand den Kopf ab, wenn du keine Visitenkarten hast. Bitte einfach um die deines Gegenübers und schicke später eine E-Mail mit deinen Kontaktdaten.

Kein Team? Wenn du direkt jemanden brauchst, starte mit einer Praktikantin oder einer Aushilfe. So kannst du dir nach und nach ein eigenes Team aufbauen.

Was ist deine Motivation?

Es gibt zwei zentrale Gründe, eine Selbstständigkeit ins Auge zu fassen: Entweder steht der Wunsch, selbstständig zu arbeiten, im Vordergrund oder die Idee, die du umsetzen möchtest.

Bei mir war es sogar eine Kombination dieser Motive. Mein Blog lief gut, ich wollte vom Schreiben leben, und ich wünschte mir flexiblere Arbeitszeiten. Um 9 Uhr am Schreibtisch zu sitzen und um 18 Uhr wieder zu gehen passt einfach nicht zu der Art, wie ich am liebsten und besten arbeite. Deshalb spielte ich jahrelang immer mal wieder mit dem Gedanken, hatte aber noch nicht die zündende Idee gefunden, um meinen Lebensunterhalt zu bestreiten.

Vielleicht ist für dich aber völlig klar, womit du dich selbstständig machen möchtest. Du bist Köchin, Illustratorin, Fotografin aus Leidenschaft oder fertigst schon lange deine eigenen Produkte. Vielleicht kochst du regelmäßig Marmeladen und Chutneys für Freunde ein und hast so oft begeisterte Rückmeldungen bekommen, dass nach und nach die Idee entstand, daraus ein Geschäft zu machen.

Während für einen leidenschaftlichen Gründer die Selbstständigkeit das Ziel ist, steht hier dein Produkt, dein Hobby, das, was du gerne machen möchtest, im Vordergrund. Die Herausforderung ist nun zu prüfen, ob die Idee ein Geschäftsmodell ist.

ÜBERLEGE DIR DARUM NOCH EINMAL GENAU:

Möchte ich dieser Idee mehr Zeit als meiner Familie und meinen Freunden widmen? Tragen mein Partner, meine Familie, mein Umfeld die Entscheidung zur Selbstständigkeit mit? Bekomme ich Unterstützung?

Ist es eine temporäre Idee (z.B. ein Hochzeitsblog, weil ich selbst gerade einen Antrag bekommen habe), oder hat sie für mich Bestand? Wie genau kann ich mit meiner Idee regelmäßig genug Geld verdienen?

Gibt es diese oder ähnliche Ideen bereits? Falls ja, was unterscheidet meine Idee?

»Ich hatte eigentlich einen guten Job, aber ich wollte etwas machen, bei dem ich mit 70 zurückschauen und sagen kann: Das habe ich in der Welt verbessert.«

NATACHA NEUMANN | FRECHE FREUNDE

Macherin

Natacha Neumann hat mit ihrem Mann die Kinderernährung nach dem Babyalter revolutioniert. Die Quetschies und Snacks der »Frechen Freunde« stehen heute in jedem Drogeriemarkt.
www.freche-freunde.de

Macherin

Sarah Hallmann hat 2016 das Restaurant und Café Hallmann & Klee in Berlin eröffnet, das inzwischen zu den beliebtesten Frühstücks-Hotspots der Stadt gehört.
www.hallmann-klee.de

„Die ersten Jahre sind fast ein 24-Stunden-Job. Entweder fängst du ganz klein an, dann stehst du selbst von morgens bis abends da. Doch dann ist noch keine Bestellung erledigt, noch keine Ware verräumt oder der Laden geputzt. Oder du entscheidest dich dafür, dass du Aushilfen einstellst. Sei dir aber bewusst: Das sind deine Angestellten, und wenn denen nachts einfällt, dass sie es morgen nicht zur Frühschicht aus dem Bett schaffen, musst am Ende wieder du eine Lösung dafür finden. Aber für mich ist es das immer wert gewesen.“

SARAH HALLMANN | HALLMANN & KLEE

Ich selbst war mir sicher: Ich möchte schreiben. Aber ich wusste auch, dass es extrem schwer werden würde, nur als freie Journalistin zu arbeiten. Also recherchierte ich, welche Jobs es im Bereich Text sonst noch gibt. Dieses Vorgehen ist auf fast jeden Bereich anwendbar, um zu schauen, wie man sein Tätigkeitsfeld verbreitern kann. Eine Illustratorin oder Fotografin könnte zum Beispiel Workshops geben, die Chutneys könnten Cafés angeboten werden, und ein freier Journalist kann auch abseits der Verlage und Magazine für Unternehmen Texte verfassen oder sich mit dem Bereich Social Media auseinandersetzen.

LASS DICH INSPIRIEREN

Jobportale: Wenn du dich als Einzelunternehmer selbstständig machen möchtest, schau in gängigen Jobportalen, welche neuen Jobprofile es in dem Bereich gibt und was oft gesucht wird.

Konkurrenzanalyse: Was machen andere in deinem Bereich? Kannst du diese Extraleistungen auch anbieten, oder entsteht daraus vielleicht eine neue Idee?

Im Ausland umschauen: Es gibt fast nichts, was es noch nicht gibt. Schau mal in Richtung USA oder nach Großbritannien. Vielleicht gibt es dort eine Idee, die du für dich adaptieren kannst.

Trendreports verfolgen: Was wird in der Branche als Trend für das nächste Jahr prognostiziert? Welche Trends entstehen in den sozialen Netzwerken? Vielleicht findest du hier etwas, das du zu deiner ganz persönlichen Idee ausbauen kannst.

Ich mach das jetzt einfach!

Die Idee ist gefunden, die Recherche ist getan, und irgendwann denkt man sich: Ich mach das jetzt einfach! Und dieser Moment fühlt sich meistens richtig gut an.

Genieße das Gefühl und den Tatendrang, aber pass auf, dass du keine überstürzten Entscheidungen triffst. Schau dir genau an, wo dein Produkt seinen Platz findet, welcher Ort für einen Laden oder ein Café geeignet ist, welche Nische du mit deinem Service füllen kannst. Überleg dir auch, ob du erst mal über bekannte Plattformen wie Etsy verkaufen oder direkt mit einem eigenen Onlineshop durchstarten willst.

Die eigene Rolle finden

Wenn man eine Idee für die Selbstständigkeit hat, gilt es, die eigene Rolle darin zu definieren. In meinem Beispiel war klar, ich schreibe. Deshalb, und um direkt professionell zu sein, habe ich für unseren Blog mit einer Fotografin zusammengearbeitet.

Wenn du also ein Café eröffnen möchtest, musst du nicht unbedingt selbst Köchin sein. Wenn du ein Modelabel aufbaust, musst du die Kleidung nicht selbst nähen. Und wenn du einen Onlineshop für Blumen gründen willst, musst du auch keine Floristin sein. Es hilft aber natürlich ungemein, sich auf dem eigenen Feld auszukennen. Hast du keine eigene Expertise, musst du deine Hausaufgaben doppelt so gut machen. Es gehört viel Recherche dazu, um Markt und Materie kennenzulernen und einschätzen zu können.

Wenn du selbst also kein Experte in der Praxis bist, solltest du einen anderen wichtigen Part im Unternehmen besetzen und es so voranbringen. Wenn du ein Café eröffnen möchtest, kann es zum Beispiel auch sehr hilfreich sein, wenn du als echter Zahlen- und Kalkulationscrack die Businessseite beherrschst. Oder du kennst dich im Marketing aus. In jedem Fall ist Erfahrung wertvoll und notwendig, um Chancen und Risiken besser einschätzen zu können.

Inzwischen wird bei der Gründung von digitalen Start-ups oft von einem perfekten Gründerteam gesprochen, wenn sich dieses in drei wichtigen Bereichen ergänzt, die ausgelagert besonders kostspielig wären.

Bei digitalen Start-ups spricht man von den »3 Hs«

Macherin

Stefanie Schnellhammer hat gemeinsam mit Julie Bamber zunächst einen Onlineshop und später einen eigenen Laden rund um das Thema Kekse aufgebaut. Kekslilebe hat bereits besondere Kekse sowohl für den Playboy als auch für die Luxusmarke Cartier geliefert.

www.keksliebe.de

„Es bringt nichts, wenn beide Gründerpartner das Gleiche gut können. Man sollte sich ergänzen. Wenn beide zu ähnliche Stärken haben, ist es schwerer, Kompetenzen abzugrenzen. Das birgt häufiger Konfliktpotenzial."

STEFANIE SCHNELLHAMMER | KEKSLIEBE

Dein Alleinstellungsmerkmal

Als Alleinstellungsmerkmal (Englisch: Unique Selling Point, USP) wird im Marketing und in der Verkaufspsychologie jenes Leistungsmerkmal bezeichnet, durch das sich ein Angebot deutlich vom Wettbewerb abhebt.

Heute erfindet man natürlich in den seltensten Fällen etwas völlig Neues, Einzigartiges, das noch niemand gesehen und benutzt hat. Es geht bei deinem USP viel mehr darum, das Verkaufsargument herauszustellen, das deine Leistung oder dein Produkt für deine Zielgruppe besonders spannend und relevant macht und von anderen unterscheidet. Umso wichtiger ist es natürlich, die eigene Zielgruppe auch wirklich gut zu kennen!

Klingt erst einmal wahnsinnig hochtrabend und kompliziert. Wir schauen uns auf den nächsten Seiten an, was ein USP sein kann und wie du deine Zielgruppe möglichst genau eingrenzt und ihre Wünsche und Bedürfnisse kennenlernst.

Was könnte dein Unique Selling Point sein?

Du kannst deinen USP immer von ganz unterschiedlichen Richtungen her angehen. Nehmen wir als Beispiel die Eröffnung eines Cafés.

Das Produkt

Ein USP deines Cafés könnte sein, dass etwas Ungewöhnliches auf der Speisekarte steht, zum Beispiel zehn verschiedene Sorten Porridge zum Frühstück oder vegane Torten und Matcha Latte. Wichtig ist, dass es etwas gibt, weswegen die Menschen kommen, aber auch wiederkommen und sich an dich erinnern.

Die Serviceleistung

Bietest du deinen Kunden einen besonderen Service an? Backst du das Brot zum Frühstück selbst, oder verwendest du nur Produkte aus der Region? Vielleicht kann man bei dir auch besonders gut seinen Geburtstag feiern, weil es bei entsprechenden Reservierungen eine kleine Überraschung für das Geburtstagskind gibt. Egal, was es ist: Sag es den Kunden! Sie können und werden nicht alleine darauf kommen, wenn du es nicht ganz klar kommunizierst!

Das Design

Bei Produkten ist das Verpackungsdesign natürlich immens wichtig. Bei unserem Café ist es die Einrichtung, das Ambiente, das die Gäste anspricht. Vielleicht ist alles sehr dunkel gehalten, und in der Ecke flackert ein Kamin, oder es ist sehr clean und modern. Gerade in Zeiten von Social Media sind zudem der Look und das Anrichten der Gerichte auf dem Teller ein nicht zu unterschätzender Faktor für den Erfolg.

Wie (er)kenne ich meine Zielgruppe?

Die Zielgruppe sind die zukünftigen Nutzer UND die Käufer deines Produktes oder deiner Dienstleistung. Ziemlich wichtig also, sich diese genauer anzuschauen und sie besser kennenzulernen. Ein gutes Beispiel dafür, wie wichtig es ist über Zielgruppen nachzudenken, sind Spielsachen für Kinder. Diese müssen natürlich den Kindern gefallen, aber die endgültige Kaufentscheidung liegt bei den Eltern oder Großeltern. Man muss bei Verpackung und Produkt also darauf achten, beide anzusprechen, Erwachsene und Kinder.

Als Erstes werden bei der Zielgruppenbestimmung in der Regel die soziodemografischen Hintergründe beleuchtet. Diese lassen sich schon durch die Besonderheiten des Produktes (richtet es sich an Eltern, Frauen o.Ä.), die Art des Verkaufes (online, offline) und somit die Erreichbarkeit (ein fester Laden schränkt demografisch mehr ein als ein Onlineshop) festlegen. Betrachten wir einmal konkret die Zielgruppe eines Onlineshops für Naturkosmetik. Nun halten wir die Fakten fest:

- Unsere Produkte sollen sich an Frauen richten. Also ist unsere Zielgruppe hauptsächlich weiblich.
- Es handelt sich um einen Onlineshop. Das bedeutet, eine gewisse Onlineaffinität sollte bei unserer Zielgruppe vorhanden sein.
- Wir liefern nur nach Deutschland. Damit spricht der Großteil unserer Zielgruppe Deutsch.
- Die Produkte sind für alle Hauttypen geeignet, jedoch gibt es weder eine Linie für besonders junge noch für reife Haut. Also liegt das Alter unserer Zielgruppe zwischen 25 und 45 Jahren.

Zusammengefasst ist die Kernzielgruppe in diesem Fall weiblich, zwischen 25 und 45 Jahre alt, bewegt sich im Internet und spricht größtenteils Deutsch. Vom Produkt lässt sich außerdem ableiten, dass die Zielgruppe ein gewisses Interesse an Kosmetik, Pflege und auch an Themen wie Nachhaltigkeit und Bio-Siegeln hat.

Um deine eigene Zielgruppe kennenzulernen, kannst du folgende Punkte durchgehen:

LERNE DEINE EIGENE ZIELGRUPPE KENNEN

- **Altersgruppe**
- **Familienstand**
- **Einkommensklasse**
- **Wohnort**
- **Sprache**
- **Lebensumfeld**
- **Shoppingverhalten**
- **Onlineaffinität**

Um das Ganze greifbarer zu machen, können wir unsere Zielgruppe auf eine imaginäre Persona verdichten und ihr einen Namen geben. Anschließend können wir das Umfeld bestimmen – also herausfiltern, wo wir die Zielgruppe antreffen können – und schließlich eine ganze Welt um diese Persona erschaffen. Das Ergebnis können wir dann immer wieder mit der Realität abgleichen, sobald wir genauere Daten gesammelt haben.

MACHERIN
Fränzi Kühne

> **“Und dann dachte ich: Okay, du musst das jetzt machen, denn du kriegst gerade die Chance dazu! Man kann nicht immer nur reden, man muss auch einfach mal machen.”**

2008
Erste Social-Media-Agentur Deutschlands

2011
Eröffnung zweiter Standort in Hamburg

2012
Schließung Hamburger Büro

Midem Marketing Campaign Award in Cannes für #tweetlied

2015
Verkauf TLGG

2017
Jüngste Aufsichtsrätin Deutschlands

Fränzi Kühne kennt sich mit Ideen und Konzepten aus, das ist in der Digitalagentur Torben, Lucie und die gelbe Gefahr schließlich ihr tägliches Brot. Sie erzählt uns, wie sie zur Selbstständigkeit gekommen ist und was ihre Höhen und Tiefen waren.

Lass mal Agentur spielen!

Boontham, Christoph und ich arbeiteten neben dem Studium bei Frogster, einer Online-Gaming-Agentur. Dort betreuten wir Social-Media-Kanäle, was ja 2008 noch ein ziemlich neues Konzept war.

Wir haben damals viel darüber gelesen und verfolgt, wie Facebook und Twitter in den USA auch mit der Markeneinbindung funktionierten. Und irgendwann kam der Gedanke auf: Hey, was wir hier für Frogster machen, das könnte man doch auch für andere Unternehmen anbieten.

Die Idee war geboren. Wir sind also 2008 als erste Social-Media-Agentur Deutschlands gestartet.

Bloß kein Stillstand

Heute gibt es superviele Social-Media-Agenturen, und die sozialen Medien sind in der Gesellschaft angekommen. Die Leute haben verstanden, wie man einen Facebook-Kanal pflegt und welche Bedeutung das hat. Für uns ist das Konzept darum irgendwann zu langweilig geworden; es war einfach nichts Neues mehr. Wir haben uns also von der reinen Social-Media-Agentur stetig weiterentwickelt. Dies

> **„Ich lebe sehr im jetzt und mache mir Gedanken, was aktuell anliegt. Nicht zu viel nach vorne oder in die Vergangenheit schauen. Fehler passieren, aber es bringt nichts, sich die immer wieder auf den Tisch zu holen. Sei gut in dem, was du jetzt gerade tust."**

Das loftartige Büro der Agentur TLGG befindet sich im hippen Berlin-Kreuzberg.

war zum einen der wachsenden Konkurrenzsituation geschuldet. Zum anderen haben wir unsere Kunden immer dazu angeleitet, das bei uns Gelernte auch selbst aktiv umzusetzen. Heute sind wir eine Agentur für Digital Business.

Diese Abschiedsparty war echt bitter

Natürlich lief es über die Jahre in der Agentur nicht immer nur glatt und steil nach oben. Ich habe auch viele Enttäuschungen erlebt. Das fängt bei Kündigungen durch Mitarbeiter an, wenn man sich fragt: Warum? Es geht dir doch gut, wir bieten dir alles, und du kannst tolle Projekte machen. Und die Antworten kann man dann vielleicht auch nicht immer ganz verstehen. Für mich war außerdem die Schließung unseres Hamburger Standorts eine echte Enttäuschung. Den hatten wir nach etwa drei Jahren eröffnet und schafften es in 1,5 Jahren nicht, ihn ordentlich zu integrieren, weil die Distanz doch zu groß war. Diese Abschiedsparty war echt bitter.

Aber zum Glück lebe ich sehr im Jetzt und mache mir hauptsächlich Gedanken darüber, was aktuell anliegt. Nicht zu viel nach vorne oder in die Vergangenheit schauen. Fehler passieren, aber es bringt nichts, sich die immer wieder auf den Tisch zu holen. Sei gut in dem, was du jetzt gerade tust!

Ich hatte vor dem Verkauf eine Riesenangst

2015 war klar, wir wollten international groß werden. Um international aber auch schnell wachsen zu können, war der einzig logische Schritt, uns mit einem Netzwerk zusammenzutun. Das bedeutete allerdings auch, dass wir unsere Agentur an dieses Netzwerk verkaufen mussten, wovor ich eine Riesenangst hatte. Man verkauft ja im Prinzip sein Baby. Zum Glück hatten wir gute Berater, die den ganzen Prozess begleiteten, und einen megaguten Anwalt, der genau wusste, worauf es bei solchen Vertragsverhandlungen ankommt. Uns war es superwichtig, dass es sich in unserem Alltag später nicht anfühlt, als hätten wir die Firma verkauft. Und genau das haben wir hinbekommen. Wir sind dem Netzwerk nicht unterworfen und genießen unsere Freiheiten.

Jüngste Aufsichtsrätin Deutschlands

Ich bekam Ende 2016 einen Anruf von der Freenet AG, die ihren Aufsichtsrat neu besetzen wollte. Gesucht wurde ein Experte im Digitalbereich, und mein spontaner erster Gedanke war: Klar, das mache ich! Obwohl ich gar nicht wusste, was da auf mich zukommt.

Ich habe das nicht aus Statusgründen zugesagt oder wegen des Titels. Tatsächlich wurde mir erst später klar, dass es nicht selbstverständlich ist, als Frau mit 34 Jahren so eine Position angeboten zu bekommen. Und dann dachte ich: Okay, du musst das jetzt machen, denn du kriegst gerade die Chance dazu! Das hieß für mich: Komplett raus aus meiner Komfortzone. Aber ich wollte anderen Frauen zei-

gen, dass man nicht erst 50 Jahre alt werden und ein Businesskostüm tragen muss, um an diesen Punkt zu kommen.

Rolle als Frau

Bei uns in der Agentur waren wir immer ausgewogen aufgestellt, ohne dass wir das forcieren mussten. Mir ist das Thema aber umso bewusster geworden, als ich die Position im Aufsichtsrat übernahm und in Interviews Dutzende Fragen zu Klamotten und zur Frauenquote gestellt bekam: Wie fühlst du dich unter Anzugträgern? Was ziehst du zu einer Aufsichtsratssitzung an? Mir ist erst da richtig bewusst geworden, dass das so ein Thema ist – erschreckenderweise!

FRÄNZI KÜHNES TIPPS FÜR DEN WEG VON DER IDEE ZUM KONZEPT

Eine Idee zu haben und dafür zu brennen ist schon mal die Basis. Daneben gibt es einige Grundpfeiler: Du brauchst zum Beispiel einen guten Steuerberater, und du brauchst etwas Geld oder eine Finanzierung. Wenn das gegeben ist, kannst du die Feinheiten deiner Idee ausarbeiten, die sich ab hier auch von ganz alleine weiterentwickeln wird. Gerade in der Anfangsphase ist es für dich außerdem total wichtig, Leute nah bei dir zu haben, die als Mentor oder Sparringspartner für dich fungieren können. Denn Unterstützung ist mit das Wichtigste!

> **„Bei uns in der Agentur hat es nie eine Rolle gespielt, dass ich eine Frau bin. Wie aktuell das Thema aber noch immer ist, ist mir erst mit meiner Position im Aufsichtsrat so richtig bewusst geworden – erschreckenderweise."**

Fränzi Kühne hat gemeinsam mit Christoph Bornschein und Boontham Temaismithi 2008 TLGG gegründet.

Zusammenfassung Konzept

Du weißt jetzt, wer deine Zielgruppe ist und was dich gegenüber anderen Anbietern auszeichnet. Nun kannst du dir noch anschauen, wer deine direkte Konkurrenz ist. Das alles wird dann in deinem Gründungskonzept zusammengefasst. Dort beschreibst du kurz deine Idee und stellst sie in einen Zusammenhang. Stell dir beim Schreiben des Konzeptes vor, dass du es ohne weitere Erklärung jemandem in die Hand drückst, der noch nie von deiner Gründungsidee gehört hat. Nach dem Lesen deines Gründungskonzeptes sollte er deine Idee verstanden haben, wissen, für wen sie gedacht ist, wo und wie du sie umsetzen möchtest. Es sollte auch für fachfremde Personen einfach zu überblicken, übersichtlich strukturiert und klar aufgebaut sein. Wichtig ist außerdem, sich noch einmal den eigenen Background und die eigenen Stärken aufzuschreiben. Fallen dir vielleicht auch Schwachstellen auf? Gut! Jetzt ist genau der richtige Zeitpunkt, sich diese genau anzuschauen. Mach dir dabei einen Plan, wie du dir die Entwicklung vorstellst und welche Ziele du verfolgst.

TIPPS ZUM KONZEPT

Mit vielen Menschen sprechen, sich Feedback zur eigenen Idee und der geplanten Umsetzung einholen.

Fachevents besuchen, um die eigene Idee auszuprobieren und mit anderen Gründern oder Selbstständigen über Erfahrungswerte zu sprechen.

Sich mit Menschen austauschen, die über andere Fähigkeiten verfügen als man selbst: Programmierer, Designer, BWLer, Vertriebsmenschen oder Kreative.

Sich über die eigene Rolle, den Aufbau des Teams und die Umsetzung klar werden und alles schriftlich und sehr detailliert festhalten.

Das brauchst du jetzt

* *Eine gute Idee!* Deine Idee ist die Basis deines Konzeptes, und nur, wenn du wirklich für deine Idee brennst und davon überzeugt bist, wirst du daraus (d)ein Geschäftsmodell bauen können.

* *Viel Energie:* Gerade jetzt solltest du alle Energie in die Weiterentwicklung deiner Idee stecken und dir ein Konzept erstellen, mit dem du die nächsten Jahre erfolgreich arbeiten kannst.

* *Zeit:* Die Idee ist da, und du brennst darauf loszulegen. Gib dir und deiner Idee Zeit und Platz zum Wachsen und Entwickeln.

* *Austausch & Rückmeldung:* Sprich über deine Idee mit Fachleuten, Freunden, deiner Familie und hör dir die Reaktionen genau an. Du musst nicht alles annehmen oder anpassen, aber du könntest zum Beispiel lernen, wie du deine Idee noch besser erklärst.

Nur nicht verzetteln!

Wichtigster Punkt zu Beginn einer Selbstständigkeit: Immer locker bleiben! Während der Ideenfindung ist die Euphorie oft groß. Man recherchiert, konzipiert, verwirft die ein oder andere Variante, und langsam wächst daraus eine vollständige Idee. Während man den Businessplan und das Konzept erstellt, wird es dann immer konkreter. Man kennt seine Zahlen und Ziele und weiß, wie man idealerweise arbeiten möchte und mit wem.

Und schließlich geht es darum, die Idee in die Realität umzusetzen. Viele geben zu diesem Zeitpunkt zum ersten Mal Geld für ihr Unternehmen aus. Die Summe hängt natürlich von dem jeweiligen Business ab – als auch davon, ob man einen Laden einrichten, ein Büro beziehen oder vielleicht nur eine Domain kaufen muss.

Dieser Moment ist aber nicht nur Startschuss für die Selbstständigkeit, sondern für viele auch der Beginn einiger schlafloser Nächte. Aber keine Sorge, das geht allen so. Besinn dich immer wieder darauf, warum du das alles überhaupt tust und willst, und dann heißt es: Einfach machen!

Wie priorisiere ich richtig?

Du erstellst wahrscheinlich gerade ellenlange To-do-Listen und weißt gar nicht, wo du anfangen sollst. Probiere doch mal, sie mit verschiedenen Farben nach Dringlichkeit zu sortieren. Besonders dringend sind Dinge, die bereits Geld kosten. Wenn man schon eine Ladenfläche angemietet hat, sollte die Priorität sein, den Laden möglichst schnell fertigzustellen und zu eröffnen. Das wäre zum Beispiel eine rote Markierung – für besonders wichtig. Genauso wichtig sind Termine mit harter Deadline. Ob es die Bewerbungsfrist für eine Förderung wie den Gründungszuschuss ist oder Waren, die nur bis zu einem bestimmten Termin bestellt werden können, oder der Stichtag, bis zu welchem der Mietvertrag unterschrieben werden muss.

„Wenn man merkt, man blockiert bei einer Aufgabe, die vielleicht besonders wichtig oder kreativ ist: loslassen! Erst mal andere Aufgaben abarbeiten, sich einen Kaffee kochen und sich zwei Stunden später wieder ransetzen. Das klappt meistens, und das Ergebnis wird viel besser!"

JULIA WHITE & SILKE VOIGTLÄNDER | WIT & VOI

Wenn diese Feuer gelöscht sind, geht es an all die anderen Sachen, die deine Selbstständigkeit voranbringen. Hier hilft eine Liste zum Abhaken. Ich liebe dieses befreiende Gefühl, wenn man abends einige Punkte mit Schwung durchstreichen und damit auch aus dem Kopf löschen kann – selbst wenn sie vielleicht nicht ganz oben auf der Prioritätenliste standen.

Neben der guten alten To-do-Liste gibt es heute eine ganze Reihe von Tools, die dir helfen können, deinen Alltag in der neuen Selbstständigkeit besser zu strukturieren und zu organisieren.

„Ich hätte etliche Nächte lieber schlafen sollen, statt mir Sorgen zu machen. Ich hätte Freunden nicht so oft absagen sollen, denn letztlich sind wir ja nur einmal auf diesem Planeten. Ich bin eine bessere Gründerin und eine bessere Chefin, wenn ich glücklich bin, wenn ich gegessen habe, wenn ich geschlafen habe, wenn ich auch mal meine Freunde gesehen habe."

JENNIFER BROWARCZYK | FOREVERLY

TOOLS ZUM ORGANISIEREN

Messenger-Tools wie Skype: Mit diesen kannst du mit Mitarbeitern, Kunden und Auftraggebern schnell und unkompliziert kommunizieren.

Listen-Tools wie Wunderlist: Digitale To-do-Listen können zur Organisation des Workflows beitragen. Außerdem hast du alle deine To-do-Listen übersichtlich an einem Ort.

Projektmanagement-Tools wie Trello: Hier können alle Infos zu einem Projekt oder Auftrag gesammelt werden, und die verschiedenen Aufgaben können einzelnen Personen zugewiesen werden.

Trotz aller Tools und To-dos: Mach dich nicht verrückt! Die Hälfte der Sachen, über die du dir gerade Gedanken machst, wirst du nicht brauchen, oder sie erledigen sich von ganz alleine. Und auch wenn es bei einigen Punkten vielleicht gerade so aussieht, als ob es keine Lösung gibt: Es gibt eine, und du wirst sie bestimmt finden! Aber darüber zu verzweifeln bringt niemandem etwas. Und du bist glücklicher im Leben, wenn du alles etwas entspannter siehst.

Das brauchst du jetzt:

Nimm dir Zeit für dich

Genieße ein langes Bad, lies ein Buch oder schau dir eine Folge deiner Lieblingsserie an.

Gönn dir mal was

Ein schönes Glas Wein, eine lange Mittagspause oder ein Eis. Nur wenn es dir gut geht, geht es auch deinem Unternehmen gut!

Triff deine Freunde & Familie

Gerade wenn du wenig Zeit hast, kann es enorm helfen, mal einen Abend lang den Business-Kopf auszuschalten und über andere Dinge zu reden!

Geh eine Runde spazieren

Frische Luft und ein bisschen Bewegung bringen deine Gedanken auf Hochtouren – und dabei kommen einem oft die besten Ideen!

Businessplan

KAPITEL 2

Der Businessplan

Bei der Verschriftlichung deines Konzeptes bist du dir idealerweise darüber klar geworden, was deine Idee ausmacht, wie du sie anderen näherbringst und wo du letztlich mit ihr hinwillst. Nun geht es darum, Konzept und Idee auch mit den entsprechenden Zahlen zu überprüfen und das Ganze in einem schlauen Dokument zusammenzufassen.

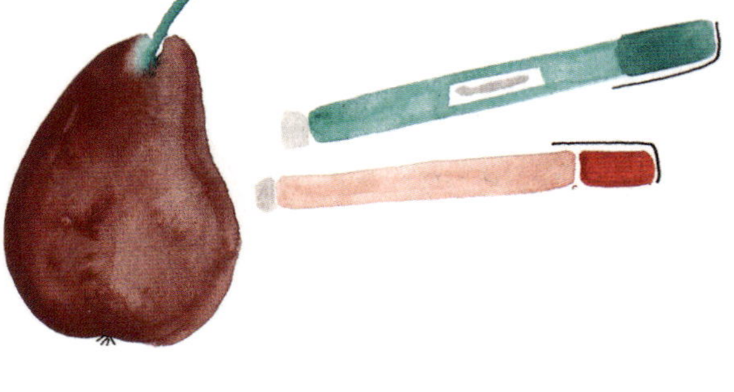

MIT

Stefanie Schöninger ATELIER STEFANI

Wofür brauche ich eigentlich einen Businessplan?

Der Businessplan ist die nüchterne Überprüfung deines Konzeptes. Hier stellst du deine Geschäftsidee, deine Gründerpersönlichkeit, die Konkurrenzsituation und die Umsetzung der geplanten Finanzierung deinen Einnahmen und Ausgaben gegenüber. Während bei der Konzeption deine Ideen, Ziele und Vorstellungen eine wichtige Rolle spielen, geht es beim Businessplan darum, wie sich deine Selbstständigkeit und dein Unternehmen in den nächsten Jahren entwickeln sollen. Schließlich musst du dir darüber im Klaren sein, was du ausgeben und einnehmen musst, um eines Tages komplett von deiner Selbstständigkeit leben zu können.

Der Businessplan ist zum einen ein wichtiges Instrument, um andere von deiner Idee zu überzeugen. So brauchst du einen Businessplan, um den Gründungszuschuss bei der Agentur für Arbeit beantragen zu können. Zum anderen – und dies ist eine viel zentralere Aufgabe – ist der Businessplan für dich selbst eine gute Kontrolle. Sind deine Kalkulationen realistisch? Hast du an alles gedacht und auch schlechte Phasen gedanklich schon durchgespielt?

Macherin

Nina Kastens ist eine Hamburger Schmuckdesignerin, deren Kollektionen auch schon von Hollywoodstars wie Emma Watson getragen wurden. Sie verbindet das alte Goldschmiedehandwerk mit coolen Designs und modernen PR-Ideen.

www.ninakastens.com

“Ich schrieb schon an einem Businessplan, aber dann ging alles so schnell los, dass ich den nicht mehr fertiggestellt habe. Damals wollte ich einfach loslegen. Wenn ich jetzt noch mal starten könnte, würde ich mir Zeit nehmen, in Ruhe zu planen, bevor ich mit der Webseite live gehe, und mich fragen, wie die Preisgestaltung aussehen, wie oft es eine neue Kollektion geben soll oder welche Kosten entstehen.”

NINA KASTENS | SCHMUCKDESIGNERIN

Was gehört in einen Businessplan?

Dein Businessplan könnte beispielsweise in drei Teile unterteilt sein. Im ersten Teil, der sogenannten Zusammenfassung, werden üblicherweise die Idee und der Gründer kurz (!) vorgestellt. Danach geht es in die Tiefe, um zum Beispiel auf den Nutzen der Geschäftsidee, die Konkurrenzsituation, die personelle Aufstellung und die angestrebten Marketingkanäle einzugehen. Im darauffolgenden Teil nimmst du dann die Finanzen unter die Lupe.

Keine Sorge, wenn du bei einigen Punkten noch ein Fragezeichen im Kopf hast. In den nächsten Kapiteln erfährst du detailliert, welche Finanzierungsmöglichkeiten es gibt, wie du einen guten Namen für dein Unternehmen findest, welche Gesellschaftsform für dich sinnvoll ist und noch mehr. Das kannst du nach und nach in deinen Businessplan eintragen, der so Gestalt annimmt.

TEIL 1

Alles Wichtige auf einen Blick

Im ersten Teil deines Businessplans fasst du dein Konzept knapp zusammen. Fakten zu dir selbst zeigen, warum du über die nötige Kompetenz zur Umsetzung deiner Idee verfügst.

Das gehört hier rein:

- **Wie lauten der Name** des Unternehmens und dein Name?
- **Welche Produkte/Dienstleistungen** sollen verkauft, vermittelt oder erstellt werden?
- **Worin liegt dein Alleinstellungsmerkmal?** Was macht dich und deine Idee besonders?
- **Wie sieht die potenzielle Zielgruppe aus?**
- **Wie soll diese erreicht werden?**
- **Welche deiner Erfahrungen qualifizieren dich** speziell für diese Gründung? Welche kaufmännischen Fähigkeiten hast du?
- **Sollen in den nächsten Jahren Mitarbeiter eingestellt werden?**

TEIL 2

Worum geht es hier ganz genau?

In diesem größten Block sollten deine Idee, ihr Nutzen und ihre Erfolgsaussichten noch einmal ausführlich und mit allen relevanten Faktoren erklärt werden. Darüber hinaus ordnest du an dieser Stelle dein Gründungsvorhaben zeitlich ein.

Auf folgende Punkte solltest du eingehen:

- **Zeitplan:** Wie weit bist du mit deinem Produkt/deiner Dienstleistung? Sind alle notwendigen Zulassungen, Anmeldungen, gesetzlichen Vorgaben erfüllt?
- **Fortschritt:** Was fehlt? Welche Herausforderungen sollten bis zum Start noch wie und wann aus dem Weg geräumt werden?
- **Termin:** Wann soll/kann gestartet werden?
- **Konkurrenz:** Welche Konkurrenten gibt es, was können sie, was sind ihre Stärken/Schwächen? Und was macht dein Produkt/deine Dienstleistung konkurrenzfähig?
- **Standort:** Wie und wo wird produziert, gefertigt, ausgeliefert, wo arbeitest du, und warum ist das sinnvoll?
- **Preise:** Wie gestalten sich deine Preise – auch im Vergleich zum Markt?
- **Vertrieb:** Wie und wo soll dein Produkt deine Zielgruppe erreichen?
- **Werbung/Marketing:** Wie möchtest du andere auf dich und deine Idee aufmerksam machen?
- **Rechtsform und Mitarbeiter:** Wie möchtest du gründen und wie ist dein Plan für die nächsten zwei bis drei Jahre?
- **Chancen und Risiken:** Was kommt auf dich in den nächsten zwei bis drei Jahren zu?

Falls dieser Teil in deinem speziellen Fall zu umfangreich wird, kannst du ihn auch unterteilen. Es gibt für Businesspläne keine vorgegebene Gliederung, sodass du deinen einfach so strukturieren kannst, wie es für dich und deine Geschäftsidee sinnvoll ist.

TEIL 3

Wie gestaltet sich dein Finanzplan?

In der Kalkulation legst du noch einmal dar, was dich dein Produkt/deine Dienstleistung kostet, wie hoch deine zu deckenden Lebenshaltungskosten sind und was du dir an Einnahmen aus deiner Selbstständigkeit versprichst. Am besten machst du das Ganze in Excel oder einem ähnlichen Programm. Solltest du damit nicht so sicher umgehen können, gibt es auch bereits fertig verformelte Vorlagen von verschiedenen Anbietern, z.B. bei www.fuer-gruender.de, die du nutzen kannst.

Hier kannst du dir diese Fragen stellen:

- **Wie hoch sind deine Lebenshaltungskosten?** Hast du Reserven/Absicherungen?
- **Wie hoch veranschlagst du die monatlichen Kosten** für dein Business?
- **Wie sieht deine Umsatzplanung aus?**
- **Welchen Gewinn** erwartest du in den ersten drei Jahren?
- **Gibt es Förderungen,** Stipendien, Kredite o.Ä.?
- **Wie viel Startkapital benötigst du?** Wofür genau fallen zu Anfang Ausgaben an? Welche Geräte, Materialien, Services etc. musst du anschaffen oder beauftragen?
- **Strebst du eine externe Finanzierung an?** Wenn ja, in welcher Höhe, und wie willst du sie dir beschaffen?

MACHERIN

Stefanie Schöninger

> **„Es ist schon erstaunlich, 28 Jahre lang hatte ich nach dieser Leidenschaft gesucht, und dann plötzlich war sie da.“**

2012
Praktikum als Schuhmacherin in Stuttgart

2015
Umzug nach Sydney

2016
Schuhmacherin bei Andrew McDonald

Gründung des eigenen Labels Atelier Stefani

2017
Das eigene Studio: eine Garage am Strand

2018
Umzug in ein größeres Studio

Bei Stefanie Schöninger kam zuerst der Businessplan, welchen sie für ein Projekt in der Uni schreiben musste. Darauf folgte die Idee für ihre Selbstständigkeit. Heute fertigt sie für ihr Label Atelier Stefani in Sydney handgearbeitete, edle Lederschuhe für exklusive Kunden aus der ganzen Welt.

Den eigenen Weg finden – am anderen Ende der Welt

Ich bin durch jene Krise gegangen, die viele mit Mitte zwanzig ereilt. Ich war schlicht nicht zufrieden mit dem, was ich hatte, und fragte mich immer, wann ich endlich ankommen würde. Dieses Gefühl des Ankommens brachte ich damals aber noch viel deutlicher mit einem geografischen Ort in Verbindung. Deshalb beschloss ich mit 26, alle Zelte abzubrechen und woanders neu aufzuschlagen – am anderen Ende der Welt. Ich zog nach Sydney.

Anfangs ging ich viele Kompromisse ein. Ich zog von meiner eigenen Altbauwohnung im Berliner Charlottenburg mit Parkettboden, Stuck und Kronleuchter an der Decke in eine heruntergekommene WG mit drei Mitbewohnern an den Northern Beaches von Sydney. Ich jobbte in Bars und Restaurants, um mir die übertriebenen Mietpreise in Sydney leisten zu können – und vielleicht auch, um einfach mal abzuschalten, um ohne Verantwortung zu reflektieren, zu meditieren, alleine zu sein.

Nach dem mein Working-Holiday-Visum abgelaufen war, entschied ich mich, in Sydney zu bleiben. Und die einfachste Möglichkeit, das zu tun, war, noch mal zu studieren. Entsprechend begann ich an einem Business College einen zweijährigen Kurs zu Entrepreneurship. Der Schwerpunkt lag auf Marketing und Management, aber im Grunde ging es mehr um die Philosophie, sein eigenes Business mit dem persönlichen Lifestyle zu vereinen.

Nach 28 Jahren Suche war meine Leidenschaft dann plötzlich da

Ich hatte beschlossen, mich beruflich in eine kreativere Richtung zu entwickeln. Ich wollte etwas machen, das anders war. Da erinnerte ich mich an mein Praktikum bei einem Schuhmacher in Stuttgart, das mich damals sehr beeindruckt hatte. Allerdings kann man das Handwerk in Sydney nicht mehr erlernen. Mit etwas Recherche habe ich Andrew McDonald online entdeckt, einen der letzten Schuhmacher für handgefertigte Modeschuhe in der Stadt. Fast schon besessen von der Idee, konnte mich nichts mehr davon abhalten. Für mich stand fest, dass Andrew mein zukünftiger Mentor werden sollte. Ich bewarb mich via E-Mail um eine Stelle, rief ihn an und stellte mich persönlich in seinem Studio vor. Andrew zögerte anfänglich, ließ sich dann aber auf einen Deal mit mir ein: mein Marketing-Background im Austausch gegen sein Wissen in der Schuhmacherkunst. Zwei Wochen später hatte ich meinen ersten Arbeitstag.

Ich legte mich mächtig ins Zeug, und nach zwei Monaten bot Andrew mir schon eine feste Stelle als Schuhmacherir an. Weitere sechs Monate später beförderte er mich zu seiner Hauptschuhmacherin. Ich bin sehr dankbar dafür, dass er mir in so kurzer Zeit sein Vertrauen schenkte, mich mehr oder weniger selbstständig arbeiten ließ und mir auch für mein eigenes Label wertvolle Tipps gab. Es ist schon erstaunlich. 28 Jahre lang hatte ich nach dieser Leidenschaft gesucht, und dann plötzlich war sie da.

Ein eigenes Label

Der Aufbau meines eigenen kleinen Studios war die erste Hürde. Es ist in Australien wirklich schwierig, an Maschinen und Werkzeuge zu kommen. Weil die Massenproduktion in Asien einfach zu günstig und geografisch zu nah ist, ist die gesamte Industrie hier mehr oder weniger ausgestorben. Darüber hinaus sind die Mietpreise für Werkstätten unbezahlbar.

Also habe ich eine Garage am Strand angemietet. Irgendwo musste ich schließlich anfangen. Schuhe von Hand herzustellen dauert ca. vierzig

> **„Ein Businessplan ist ein absolutes Must-have. Nicht nur, um ihn später Investoren oder Businesspartnern vorstellen zu können, sondern vor allem, um sich selbst über Strukturen und Strategien bewusst zu werden."**

Stunden pro Paar, wenn man erst noch das Schnittmuster erstellen muss, sogar noch länger. Wenn man so lange an etwas arbeitet, möchte man natürlich, dass die Qualität stimmt und dass die Kunden den Mehrwert dieses Luxusproduktes erkennen. Deshalb wollte ich die besten Materialien verwenden – und das beste Leder kommt nach wie vor aus Italien. Die meisten Gerbereien fordern allerdings eine Mindestbestellmenge und sind nicht an kleinen Kunden interessiert. Außerdem konnte mir niemand garantieren, dass die Qualität der Leder genau meinen Vorstellungen entsprechen würde.

Also suchte ich mir einen Agenten in Italien und fand über Umwege und Glück einen Gerber, der mit großen Luxusmarken wie Manolo Blahnik und Louboutin zusammenarbeitet und willens war, mich zu beliefern. Das hat mir viele Türen geöffnet.

Doch die richtigen Lieferanten zu finden, war nicht das einzige Problem. Da waren noch das Design, die Produktion selbst, Verpackung, Social Media, PR, Website-Erstellung, Fotoshootings, Merchandising, Kundenservice, Finanzierung, Events, Strategie, etc. etc. Am liebsten alles auf einmal und sofort.

Businessplan & Finanzierung

Ein Businessplan ist ein absolutes Must-have. Nicht nur, um ihn später Investoren oder Businesspartnern vorstellen zu können, sondern vor allem, um sich selbst über Strukturen und Strategien bewusst zu werden. Bevor ich meinen Plan geschrieben hatte, dachte ich immer, dass alles glasklar ist, doch während der Ausarbeitung merkte ich, dass es das absolut nicht war. Gedanken, Visionen und Ideen aufzuschreiben und für Außenstehende verständlich zu machen, ist schwieriger, als man denkt, denn die Vorstellungen gehen hier meistens auseinander. Nur wenn der Businessplan für einen selbst und für andere einen Sinn ergibt, dann ist auch das Business sinnvoll aufgestellt.

Im Moment bin ich dabei, die richtige Finanzierungsstrategie für mein Business aufzusetzen. Ich arbeite mit einem Business Angel zusammen, der Experte in diesem Bereich ist und mich sehr gut beraten kann. Bisher habe ich die Gründung mit persönlichen Mitteln finanziert und fast 20.000 Australische Dollar in den Aufbau meiner Garage in Manly gesteckt.

Als eine erste Finanzspritze würde für mich Crowdfunding in Frage kommen. Ich habe allerdings auch schon überlegt, eine Partnerschaft mit einem größeren Modeunternehmen einzugehen. Dabei könnte ich von dessen unternehmerischer Infrastruktur profitieren und im Gegenzug Anteile meines Labels anbieten. Das ist allerdings alles noch Zukunftsmusik.

Meine Kunden möchten etwas Individuelles

Ein Paar Atelier Stefanis zu tragen drückt Wertschätzung für höchste Qualität und Exklusivität aus. Diese Schuhe reflektieren einen modernen Lifestyle, in welchem Nachhaltigkeit von großem Belang ist, ohne auf Stil und Design zu verzichten.

Emotionen spielen hierbei also eine viel zentralere Rolle als der bloße Gebrauchszweck. Je länger man die Schuhe besitzt und benutzt, desto wertvoller werden sie für einen, denn mit der Zeit hinterlässt der eigene Charakter seinen Abdruck.

Meine Designs sind größtenteils klassisch, aber mit detailverliebten Eyecatchern. Meistens hat der Absatz eine außerordentliche Form, oder ich habe eine persönliche Note eingraviert. Von Schuh zu Schuh merke ich auch, wie sich der ganz eigene Stil von Atelier Stefani immer mehr herauskristallisiert.

Zusammenfassung Businessplan

Ein Businessplan fasst den Plan deiner Selbstständigkeit in einem Dokument zusammen. Du stellst deine Idee vor, beschreibst, warum du genau die richtige Person dafür bist, und arbeitest die Finanzierung heraus. Ein Businessplan dient deiner eigenen Orientierung und Struktur, wird aber auch oft für Finanzierungen, Zuschüsse, Förderungen und vieles mehr benötigt. Idealerweise beschäftigst du dich mit deinem Businessplan nicht nur ein einziges Mal, sondern konsultierst und überarbeitest ihn jedes Jahr erneut. So kannst du dich selbst stets kontrollieren und auch Änderungen in deiner Ausrichtung Tribut zollen.

Das brauchst du jetzt

Ein bisschen Ruhe: Nimm dir für den Businessplan Zeit und kontrolliere dich und deine Idee damit noch einmal ganz genau.

Eine Excel-Tabelle oder einen Taschenrechner: Hier wird einmal gründlich durchgerechnet, wie du dich und deine Idee in den nächsten Jahren finanzieren möchtest.

Eine Checkliste: Was habe ich bereits, welche Informationen benötige ich noch, woher bekomme ich sie?

a B C D E
F g h i J
k l m N O
P Q R S T
U V W X Y Z

KAPITEL 3

Ein Name sagt mehr als tausend Worte

Was ist eigentlich der Unterschied zwischen einem Unternehmensnamen und einer Marke, wie finde ich einen Namen, der zu mir passt, und wie kann ich ihn schützen lassen? Wir haben uns das für dieses Kapitel von einer Expertin ganz genau erklären lassen.

MIT

Shanti Viktoria Sadacharam URHEBER- UND MARKENRECHTSANWÄLTIN

Verschiedene Wege zum perfekten Namen

Wer schon einmal einen Namen für sein Haustier ausgesucht hat, weiß, wie schwer es ist, sich für etwas Passendes zu entscheiden. Allerdings ist es bei einem Hund oder einer Katze wesentlich unproblematischer, sie im Nachhinein noch einmal umzubenennen.

Bei einem Unternehmen ist eine Namensänderung zwar möglich, aber ziemlich kompliziert. Wenn du unter deinem eigenen Namen arbeitest, hast du das Problem natürlich nicht – außer du solltest dich zum Beispiel für einen neuen Nachnamen entscheiden.

Der Gesetzgeber unterscheidet bei der Namenswahl zwischen zwei Varianten:

1 Keine Eintragung ins Handelsregister

Bei Kleingewerbetreibenden, GbRs oder Freiberuflern muss auf Rechnungen der volle Vor- und Nachname angegeben werden, dies ist der Unternehmensname. Zusätzlich besteht die Möglichkeit einer Geschäftsbezeichnung, diese dient der werbewirksamen Beschreibung des Unternehmens und ist unabhängig vom eigenen Namen wählbar.

2 Mit Eintragung ins Handelsregister

Als GmbH, OHG oder AG wird der Firmenname ins Handelsregister eingetragen. Hier wird der Firmenname für den Geschäftsbetrieb genutzt, der Inhaber geht durch den Eintrag im Handelsregister hervor.

Vielleicht können dir die Herangehensweisen unserer Macherinnen die ein oder andere Inspiration liefern.

» Wir haben superlange überlegt, waren extra in der Bibliothek und haben Bücher gewälzt. Da kamen ganz hochtrabende Ideen heraus, die wir selber nicht aussprechen konnten. Und am Ende war es ein Zufall, der die Lösung brachte. Julia hat einfach mal die Anfangsbuchstaben unserer Nachnamen eingegeben, und als wir das näher betrachteten, war sofort klar: Das ist es! Das sieht gut aus, das klingt gut. Man weiß, wann es sich richtig anfühlt! «

JULIA WHITE & SILKE VOIGTLÄNDER | WIT & VOI

» Es hat bestimmt zwei Monate gedauert, bis wir den passenden Markennamen gefunden hatten. Der Name sollte gut klingen, als Logo umsetzbar sein, er musste markenrechtlich noch verfügbar und bei Google noch nicht besetzt sein. Zuerst dachten wir an einen Namen mit einem Begriff wie »she« oder »girls«, aber mit diesen Wörtern landet man bei einer Online-Suche schnell im Erotikbereich. Wir haben das »Fem« dann von »feminin« abgeleitet und »tastics« von »fantastic«. Wir fanden es toll, dass »femtastics« ein bisschen wie ein Band-Name klingt! «

LISA VAN HOUTEM, ANNA WEILBERG, KATHARINA CHARPIAN | FEMTASTICS

» Christoph und ich hatten uns irgendwann einmal Namenseierbecher gekauft, mit den lustigsten Namen, die wir finden konnten. Und weil zu der Zeit gefühlt alle Kinder in Prenzlauer Berg Torben und Lucie hießen, haben wir diese genommen. Unser Partner Boontham repräsentiert die gelbe Gefahr. Torben, Lucie und die gelbe Gefahr. Das war auch der einzige Vorschlag, den wir hatten. Für uns war die Namensfindung einfach kein großes Thema. Wir brauchten halt einen Namen, das ist so nebenbei passiert. «

FRÄNZI KÜHNE | TORBEN, LUCIE UND DIE GELBE GEFAHR

»Wir gaben einmal bei mir zuhause ein Essen für alle unsere Freunde. Als Gegenleistung für das Essen musste jeder Gast drei Namen mitbringen. Zu später Stunde, als schon ein paar Flaschen Wein geflossen waren, wurden die Vorschläge vorgelesen und darüber abgestimmt. Es war ein superwitziger Abend, aber wir konnten uns für keine Idee so richtig begeistern. Zudem hatte sich die Verbindung unserer Nachnamen Hallmann und Klee auch eigentlich schon eingebürgert. Als wir diese dann als Logo sahen, war für uns klar: Das sind wir.«

SARAH HALLMANN | HALLMANN & KLEE

»mara kommt von »samara«, das ist Latein und beschreibt die geflügelte Frucht des Ahornbaumes. Als Kinder haben wir uns die Früchte auf die Nase geklebt. Für uns beide eine schöne Kindheitserinnerung, die so zum Teil unseres Logos wird. mea nutzt man im Lateinischen als Kurzform für »meine Liebe«, und im griechischen bedeutet es »Hebamme«.«

DORINA HARTMANN & MAREN WILL | MARA MEA

DER RICHTIGE NAME

Der richtige Name sollte …

* *sich gut anfühlen* und zum Unternehmen passen.
* *eine freie Domain* haben.
* *nicht geschützt sein*, beziehungsweise sollte er sich schützen lassen.
* *in ein Logo passen*, und geschrieben gut aussehen.
* *wenig Gefahr für Schreibfehler* und Verwechslungen bieten.
* *in anderen Sprachen gut klingen*, besonders wenn man international arbeitet.

Namensänderung

Was ist eigentlich, wenn ich den Namen doch noch einmal wechseln muss? Das Unternehmen von Anna Alex hieß zum Beispiel ursprünglich Paul Secret. Mittlerweile ist es jedoch als Outfittery bekannt und erfolgreich. Wieso und warum hat sie uns verraten.

„Wir haben uns lange Nächte den Kopf zerbrochen, wie wir die Firma nennen, und hatten dann endlich einen Namen gefunden: Paul Secret. Damit sind wir gestartet und hatten nicht vor, uns noch mal umzubenennen. Wir bekamen allerdings, einige Wochen nachdem wir die Firma und den Namen publik gemacht hatten, einen Brief von einem Shoppingclub für Männer in München. Es war eine einstweilige Verfügung und Klageandrohung. Sie argumentierten, dass sie ihren Namen als Marke geschützt hätten und unserer viel zu ähnlich sei.

Das war natürlich ein ganz schöner Schlag für uns. Wir waren damals aber noch recht klein, daher hätte es sich nicht gelohnt, vor Gericht zu gehen. Stattdessen gaben wir nach und benannten unsere Firma um.

Wir saßen also wieder lange Nächte zusammen, suchten nach einem neuen Namen, der auch international funktioniert, und landeten am Ende bei Outfittery. Unterm Strich sind wir sogar heilfroh, uns noch mal umbenannt zu haben. Outfittery ist ein viel besserer Name als Paul Secret, weil es viel treffender zusammenfasst, was wir machen.

Das ist auch ein gutes Beispiel für eine Situation, die einen zunächst nervt und enttäuscht, am Ende aber zu einer großen Verbesserung führt. Jede Hürde ist auch eine Chance.“

ANNA ALEX | OUTFITTERY

MACHERIN

Shanti Viktoria Sadacharam

„Ich bin in der Branche ein bunter Vogel, und ich glaube, deshalb arbeiten viele Musiker gern mit mir zusammen – sie spüren einen gemeinsamen Vibe."

2013
Start als Anwältin in einer Kanzlei

2014
In der Sinnkrise

2015
Eine eigene Kanzlei und ein eigenes Büro

2016
Die ersten Kunden und erfolgreichen Fälle

2017
Gründung Kissmetics

Shanti Viktoria Sadacharam ist Anwältin mit Schwerpunkt im Urheber- und Markenrecht. Außerdem hat sie mit einer Freundin das Kosmetiklabel Kissmetics gegründet – nicht weil ihr langweilig war, sondern weil es sich einfach richtig anfühlte, das jetzt zu tun.

Ich kann mich doch nicht einfach selbstständig machen …

Ich habe nach dem Studium in einer mittelständischen Kanzlei für Markenrecht gearbeitet. Das war okay, aber ich merkte rasch, dass dieses klassische Anwaltsumfeld, in dem ich von morgens bis abends Akten abarbeiten muss, nicht mein Ding ist.

Ein Dreivierteljahr später hörte ich auf – gefolgt von einer echten Sinnkrise. Meinen Freundinnen ermutigten mich in dieser Zeit immer wieder, mich selbstständig zu machen, aber meine Antwort blieb stets die gleiche: Ich kann mich doch nicht mit nur einem Jahr Berufserfahrung selbstständig machen! Keiner nimmt mich ernst, ich kann doch gar nichts.

Trotzdem brachten sie mich immer wieder mit Leuten aus der Musikbranche zusammen, bis ich schließlich die ersten Künstlerverträge zur Prüfung auf dem Tisch hatte und kurz darauf die ersten Fälle. Es lief viel besser, als ich gedacht hatte! Von da an ging alles ganz schnell. Ich hatte exklusive Mandanten, ich mietete Büroräume an, und mir war klar: Ich zieh das jetzt durch!

> „Mir war zu der Zeit keinesfalls langweilig, aber ich habe gesehen, wie viel Liebe und Potenzial in Viola und ihrer Idee zu Kissmetics stecken."

Räumliche Trennung

Ich hatte kaum Anfangskosten, denn ich investierte nicht in teure Büromöbel oder einen schicken Empfangstresen. Ich habe mir auch die Sekretärin gespart und keine teure Datenbank gekauft, in der sich Vertragseckdaten, Rechte und Adressdaten erfassen lassen. Das meiste machte ich selbst, und so fielen nur die Kosten für die Räume an – ein Luxus, den ich mir von Anfang an gönnte.

Ich treffe meine Mandanten auch und pflege einen sehr freundschaftlichen, ungezwungenen Umgangston mit ihnen. Trotzdem kommen sie nicht ständig bei mir im Büro vorbei. Aber wenn ich einen Termin mit ihnen habe, ist es mir lieber, diesen in sachlich neutralen Räumen wahrzunehmen. Es gibt einfach eine private und eine geschäftliche Seite. Selbst wenn die Übergänge bei mir oft fließend sind, muss es für mich eine räumliche Trennung geben, um das auseinanderzuhalten.

Der Vibe muss stimmen

In der Musikbranche herrscht eine sehr offene und familiäre Atmosphäre, die ich sehr genieße. Ich gehe auch mal mit Mandanten zusammen ein Bier trinken und fahre gerne auf ihre Konzerte. So erfahre ich, was in ihrem Leben passiert, was auch die Zusammenarbeit erleichtert. In der Branche bin ich ein bunter Vogel, und ich glaube, deshalb arbeiten viele Musiker gerne mit mir zusammen – sie spüren einen gemeinsamen Vibe.

Wie funktioniert die Zusammenarbeit mit einem Anwalt?

Ganz häufig steht für Start-ups am Anfang die Frage: Was für eine Gesellschaft bin ich, eine GbR oder eine GmbH? Brauche ich einen Vertrag? Wie kann ich meine Marke anmelden und schützen? Für Onlineshops spielen oft die Themen Datenschutzerklärung, AGB und Impressum eine wichtige Rolle.

Einen Anwalt muss man ab dem Zeitpunkt bezahlen, an dem eine Beratung stattfindet. Viele denken, ich wüsste eh Bescheid, da können sie mich doch mal kurz fragen. Bestimmt geht das Ärzten auf Partys ähnlich. Dann muss ich erklären: Das ist mein Business, damit verdiene ich mein Geld.

Für mich ist es superwichtig, transparent über das Thema Honorar zu sprechen. Deshalb biete ich gerne Pauschalen an. Dafür schätze ich meinen Arbeitsaufwand, und in Verbindung mit meinem regulären Stundensatz errechne ich dann ein Pauschalhonorar.

Natürlich schaue ich mir dafür auch meine Klienten genau an. Ein kleines Start-up kann am Anfang einfach nicht so viel zahlen wie ein etablierter Künstler oder ein bekanntes Label. Durch meine eigene Gründung kenne ich diese Problematik noch gut. Grundsätzlich finde ich aber, dass alles seinen Wert hat und dass man für eine Leistung immer eine Gegenleistung erbringen muss.

Ein zweites Standbein

Meine Freundin und Geschäftspartnerin, Viola, ist Apothekerin in der vierten Generation. Ihre Familie besitzt eine Apotheke auf dem bayerischen Land. Nach ihrem Staatsexamen fand Viola die ganzen alten Rezepturen ihres Großvaters. Sie ging ins Labor und stellte die Produkte in Handarbeit her – für sie ein schönes Verbindungsstück zwischen ihrer Arbeit heute und der Arbeit ihres Großvaters.

Die Ergebnisse hat sie anschließend verschiedenen Freundinnen geschenkt – unter anderem bekam ich von ihr zum Geburtstag ein Augenbrauenöl.

Mir war zu dieser Zeit keineswegs langweilig, aber ich habe gesehen, wie viel Liebe und auch Potenzial darin stecken. Schlussendlich wollte Viola tatsächlich gerne ein Geschäft aufziehen, wollte aber nicht alleine gründen.

Ich hatte das Gefühl, es passt und dass ich es auch einfach machen will. Nun kümmere ich mich um die juristischen Belange und den Papierkram. Alles Weitere machen wir in echter Freundinnen-Zusammenarbeit.

TIPPS VON URHEBER- UND MARKENRECHTS-ANWÄLTIN SHANTI VIKTORIA

Ich persönlich würde jedem raten, vorab zu prüfen, ob die Marke bereits vergeben ist und man somit Gefahr läuft abgemahnt zu werden. Da man die Kosten für das Logo, die Visitenkarten, die Domain, die Webseite und Co sonst im schlimmsten Fall aus dem Fenster geworfen hat – ganz zu schweigen von der investierten Zeit und dem Kopfschmalz. Das braucht kein Mensch!

So kannst du überprüfen, ob deine Marke noch frei ist

Eine freie Domain ist ein guter erster Indikator. Allerdings gibt es natürlich auch den Fall, dass eine Domain vergeben ist, ohne dass ein Geschäft dahintersteht oder der Name als Marke geschützt ist. Genauso wie den Fall, dass die Firma zum Beispiel eine Kurzversion ihres Namens als Domain verwendet. Internetrecherche: Checken, was bei Internetsuchmaschinen an Ergebnissen kommt – dabei auch an Abwandlungen und ähnliche Begriffe denken.

Es gibt eine Datenbank vom Deutschen Patent- und Markenamt. Leider ist diese nicht sonderlich benutzerfreundlich, da man nur eine genau zur Suchanfrage identische Marke findet. Eine Suche nach ähnlichen Namen ist allerdings möglich.

Ich würde raten, das Geld für eine Anwaltsberatung in die Hand zu nehmen und zu prüfen, ob die Marke schon vergeben ist. Der Anwalt kann einen auch zur Schutzwürdigkeit beraten, also ob man eine Marke anmelden kann und sollte.

> **„Man kann den Namen beim Patent- und Markenamt entweder deutschlandweit, europaweit oder weltweit schützen lassen. Wir selbst haben mara mea dann für Europa schützen lassen. Die Prüfung kostet 900 Euro, die man bezahlen muss, egal ob die Eintragung durchgeht oder nicht. Das ist gerade am Anfang natürlich eine ordentliche Stange Geld. Aber für uns hat es sich gelohnt, und für unser Unternehmen ist es schon wichtig, dass der Name und die eigene Marke geschützt sind."**
>
> **DORINA HARTMANN** | MARA MEA

Macherinnen

Dorina Hartmann und Maren Will haben sich 2015 mit ihrem Umstandsmodelabel mara mea selbstständig gemacht. Ihre besonderen und »bärchenfreien« Entwürfe haben es schon in die Vogue Japan geschafft.

www.maramea.com

Markenschutz

Eine Marke ist schutzfähig, wenn ...

der Name über eine bloße Beschreibung der angebotenen Waren und Dienstleistungen hinausgeht. Gründer tendieren oft dazu, ihrem Business einen Namen zu geben, der indiziert, was sie machen. Als Turnschuhhersteller kann ich mich aber nicht einfach Turnschuh oder Schuh nennen und das schützen lassen. Dies trifft auch auf Bildmarken zu, sodass mein Logo zum Beispiel nicht nur aus einem typischen Turnschuh bestehen kann. Auch dies wäre klar nicht schutzfähig. Wenn man auf der sicheren Seite stehen möchte, sollte man also bei der Namens- und Logofindung darauf achten, dass beide schutzfähig sind.

Überblick: Name und Marke

Es gibt Überschneidungen im Namens- und Markenrecht, aber es sind zwei verschiedene Dinge. Eine Marke hat immer zwei Aufgaben: einmal, das Unternehmen zu kennzeichnen und für möglichst viel Wiedererkennungswert zu sorgen. Auf der anderen Seite soll die Marke Konkurrenten davon abhalten, unter derselben oder einer ähnlichen Firmierung vergleichbare oder identische Produkte herzustellen oder anzubieten. Ist eine Marke geschützt, darf sie nicht von jemand anderem verwendet werden.

Um seinen Unternehmensnamen schützen zu lassen, sollte man eine Wortmarke und/oder Bildmarke im Markenregister eintragen lassen.

Ein natürlicher Name (z.B. Lieschen Müller) dagegen ist zwar schützbar, aber man kann eine geborene Lieschen Müller nicht davon abhalten, ebenfalls eine Marke anzumelden, da es ja ihr Name ist. Jeder darf seinen natürlichen Namen verwenden, das kann nicht verboten werden.

DAS BRAUCHST DU JETZT

Inspirationen für die Namensfindung

Schreibe alle Ideen und Assoziationen erst einmal in einem bunten Brainstorming auf – egal wie sinnvoll sie sind oder ob sie zueinander passen. Hier ein paar Ideen, um die Gedanken aufzulockern:

Denk doch mal in Bandnamen: Wie würde deine Marke, deine Idee als Band funktionieren?

Wenn dein Unternehmen ein Raum wäre, wie würde er aussehen, wie riechen? Wäre er hell oder dunkel?

Verbindest du deine Idee mit einer bestimmten Jahreszeit oder einem Gefühl? Was möchtest du damit bei den Menschen auslösen?

Brauchst du eine bestimmte Länge für dein Logo? Wenn der Name zum Beispiel nicht länger als fünf Buchstaben sein darf, solltest du das bei der Namensfindung direkt mit einbeziehen!

Eis
ice

KAPITEL 4

Pitch Perfect

Der wohl bekannteste Pitch ist der sogenannte Elevator Pitch. Dabei hat man lediglich so viel Zeit, wie eine Fahrstuhlfahrt dauern würde, um eine andere Person von der eigenen Idee zu überzeugen. Egal, ob du auf Investorensuche gehst oder Freunden deine Idee präsentierst, im Idealfall sollte sie jeder innerhalb kürzester Zeit verstehen. Wie das genau funktioniert und warum ein Pitch für jeden wichtig sein kann, darum geht es in diesem Kapitel.

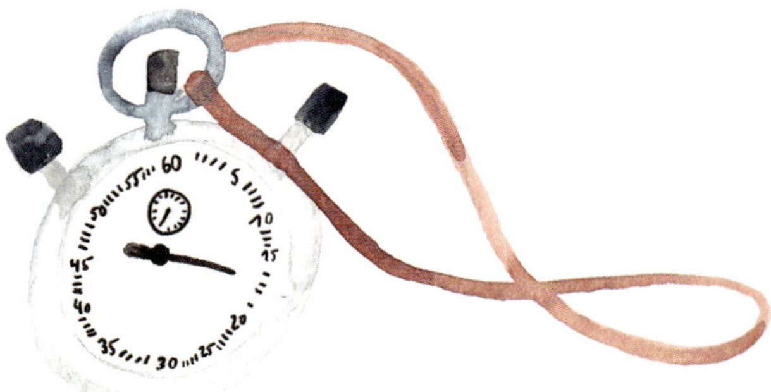

MIT

Jennifer Browarczyk FOREVERLY

Raus damit!

Das englische »Pitch« steht in der Werbebranche für den Wettbewerbsbeitrag einer Agentur, also für ihre Bewerbung, um einen bestimmten Werbeetat zu gewinnen. In der Wirtschaft wiederum handelt es sich um ein Verkaufsgespräch. »Pitch« heißt übersetzt so viel wie »werfen« und kommt eigentlich aus dem Sportbereich. Ziel ist es also, seine Idee »in den Raum zu werfen« und sie dabei bestmöglich zu präsentieren.

Um die eigenen Ideen zu verdichten, solltest du immer wieder mit verschiedensten Menschen darüber sprechen. Lass dich keinesfalls entmutigen, falls mal jemand nicht mit totaler Begeisterung reagiert. Hör dir die Kritik aufmerksam an und überlege, was du davon annehmen und gegebenenfalls umsetzen möchtest. Überlege auch, ob und wie du die kurze Beschreibung deiner Idee, also deinen Pitch, verbessern kannst. Wenn Kritik kommt, ist nämlich nicht immer die Idee selbst schuld; manchmal hat man sie auch einfach nicht besonders gut erklärt.

Macherin

Julia White und Silke Voigtländer haben gemeinsam wit & voi gegründet. Ihre Idee: Jeder kann einen persönlichen Innenarchitekten haben, ohne ein Vermögen auszugeben. Sie bieten Ideen und Einrichtungskonzepte in verschiedensten Stilrichtungen an. Der Kunde erhält neben einer ausführlichen Beratung inklusive Moodboard ein Konzept für seine Wohnung sowie Tipps und Links, wo er die vorgeschlagenen Artikel selbst bestellen kann.

www.witandvoi.com

“Als wir vorab mit anderen über unser Konzept sprachen, kam manchmal die Rückmeldung, dass unsere erste Beratungsstunde gratis sein sollte. Uns war es aber von Anfang an wichtig, nichts umsonst anzubieten. Wir würden damit nur den Wert unserer eigenen Arbeit mindern, der in der ersten Stunde genauso hoch ist wie in der letzten. Also sind wir bei unserer Ursprungsidee geblieben, haben sie aber auf der Webseite ausführlich erklärt.”

JULIA WHITE & SILKE VOIGTLÄNDER | WIT & VOI

Es kann nicht jeder direkt von deinem Geschäftsmodell begeistert sein, und manch einer sieht vielleicht auch Probleme, die gar keine sind. Andere entdecken aber womöglich Schwierigkeiten, die du noch gar nicht als solche erkannt hast, und sparen dir damit viel Geld, Zeit oder Ärger. Genau dafür ist diese Testphase deiner Idee da!

TIPPS ZUM IDEEN-TESTEN

Präsentiere Freunden deine Idee, geh auf Meet-ups oder geeignete Fachevents und sprich mit möglichst vielen verschiedenen Menschen über dein Konzept. Dieses Feedback ist gerade am Anfang Gold wert!

Teste das Interesse! Du kannst zum Beispiel eine Facebookseite für dein Produkt erstellen oder es in einem Etsy-Shop verkaufen, um vorab auszuloten, wie es ankommt.

Niemand kann dir hilfreicheres Feedback und lohnendere Verbesserungsvorschläge liefern als deine Zielgruppe. Wenn du also Produkte für Kinder machst, sprich mit Eltern, leg vielleicht mal einen Fragebogen in einer Kita aus.

Arbeite agil und recherchiere gut. Informationen vom letzten Jahr können inzwischen schon veraltet sein. Sei immer auf dem neuesten Stand und versuche, so breit und gründlich wie möglich in deinem Feld Bescheid zu wissen!

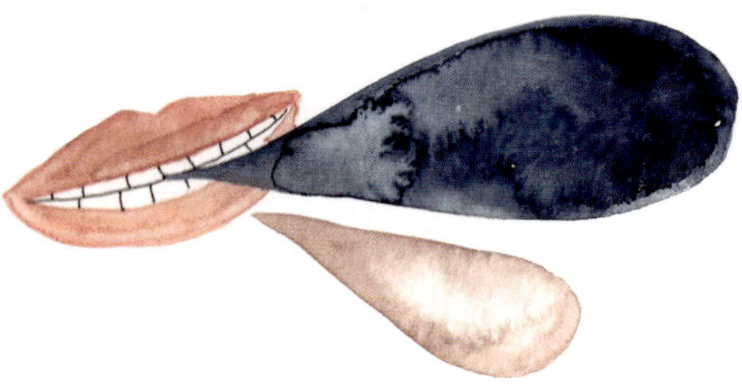

MACHERIN

Jennifer Browarczyk

> **»Mir war es viel wichtiger, dass die Menschen draußen am Fernseher mich und meine Idee gut finden als jetzt nur die Investoren in der Show.«**

2014
Endlich eine Idee

September 2014
Gründung Foreverly

2016
Eine App zum Abgewöhnen

September 2016
Die Höhle der Löwen

2017
Ein wenig Ruhe kehrt ein

Jennifer Browarczyk ist mit ihrer Idee in die Gründersendung »Die Höhle der Löwen« gegangen und hat dort vor möglichen Investoren und einem Millionenpublikum gepitcht.

»Ich möchte gründen – nur was?«

Ich habe damals für ein Accelerator-Programm in Kapstadt gearbeitet, hatte viel Kontakt zu verschiedenen Start-ups und habe immer wieder gesehen, wie es ist, ein Geschäft aufzubauen. Bei meiner Rückkehr war mir dann klar: Ich möchte selber gründen – mir fehlte nur noch die richtige Idee.

Während ich noch den Markt recherchierte, kam die Idee von ganz alleine zu mir. Meine beiden Schwestern haben in dem Jahr geheiratet und wollten, dass ich ihnen bei der Planung helfe. Dabei stellte ich rasch fest, dass es im Internet zu dem Zeitpunkt keinerlei Tools oder Seiten für eine schnelle, übersichtliche Recherche im Bereich Hochzeiten gab. Ich hatte meine Marktlücke entdeckt.

Mit der Idee für Foreverly bin ich in einen sogenannten Start-up-Bus gegangen. Bei dem Konzept ist man eine Woche mit verschiedensten Kreativen, Entwicklern, Textern und Grafikern unterwegs. Dort konnte ich meine Idee pitchen und mithilfe des neuen Inputs ausbauen. Das hat mir den Mut gegeben, in die nächste Phase zu gehen und einen Business Angel zu suchen, der mich sowohl finanziell als auch mit seinem Know-how unterstützen sollte.

Ich hatte also wenig Zeit, um zu überlegen, was ich erzählen wollte und was lieber nicht. Ich gab mein Bestes, mein Pitch Deck gut vorzubereiten.

Beim Dreh ist man eine Stunde lang in einem Raum, wo unheimlich viel gleichzeitig passiert. Am Ende wird das Ganze zu drei Minuten so zusammengeschnitten, wie es dramaturgisch am besten passt, und man kann keinerlei Einfluss darauf nehmen. All das war mir natürlich vorher schon bewusst, weshalb ich mich darauf konzentrierte, in jedem Moment sympathisch rüberzukommen. Mir war es viel wichtiger, dass die Menschen draußen mich und meine Idee gut finden als jetzt nur die Investoren in der Show.

Tränen und ein Presseansturm

Ich bin alleine zu der Show gefahren, weil ich mir vorher einfach nicht genug Gedanken über den psychischen Stress gemacht habe, der in so einer Sendung auf einen zukommt. Normalerweise bin ich nicht der Typ, der schnell weint, aber mir kamen während der Aufzeichnung bei einigen kniffeligen Fragen der Investoren die Tränen – eine Mischung aus Übermüdung und Nervenzusammenbruch. In dem Moment fühlte sich das für mich furchtbar an, auch wenn mir rückblickend nichts Besseres hätte passieren können.

Denn: Es gab nicht nur einen Deal mit Investor Jochen Schweizer, sondern auch Presse ohne Ende! Wir waren auf der Startseite der Bild Online, und über Foreverly wurde von allen Start-ups an dem Abend am meisten berichtet. Wir wurden in 70 Presseartikeln erwähnt und hatten mit über 100.000 Besuchern auf unserer Website Traffic ohne Ende. Auf einmal waren wir eine Marke, und der Wiedererkennungswert bei den Leuten ist noch immer hoch. Und all das ist nur ins Rollen gekommen, weil ich geweint habe!

Einen Investor suchen ist wie Sales

Während der Gründung redete ich mit vielen Leuten und habe so jemanden kennengelernt, der jemanden kannte, der wieder jemanden kannte, der mich unserem ersten Business Angel vorstellte. Einen Investor zu suchen ist wie Sales: Du bietest dich und deine Idee zum Verkauf an und möchtest jemanden so sehr davon überzeugen, dass er dir Geld gibt – im Austausch für Anteile an deiner Firma.

Ein Pitch vor einem Millionenpublikum

Ich habe erst zehn Tage vor der Aufzeichnung von meiner Teilnahme an der Show »Die Höhle der Löwen« erfahren. Eine Riesenchance, um fünf potenziellen Investoren und einem TV-Publikum meine Idee vorzustellen und vielleicht sogar einen von ihnen als Investor für Foreverly zu gewinnen – aber eben sehr kurzfristig! Zudem war gerade absolute Hochsaison in der Hochzeitsbranche und ich schon ordentlich am Rotieren.

Jede Presse ist gute Presse

Ich würde eine Teilnahme an der Show auf jeden Fall empfehlen. Klar, man muss sich dabei wohlfühlen, und nach dem Auftritt erschienen auch Artikel, die ich nicht so toll fand. Aber am Ende des Tages gilt immer: Jede Presse ist gute Presse. Es gibt nichts Schlimmeres, als wenn niemand über dich spricht. Da sollte man den eigenen Stolz auch mal zurückstellen, denn an den genauen Inhalt eines kleinen Artikels erinnert sich am Ende keiner, aber als Person bleibt man doch im Kopf!

Mein Tipp daher: Fall auf! Dann schreiben die Leute über dich und dein Unternehmen. Es gibt nichts Schlimmeres, als gar keine Story zu haben.

Man muss nicht alles für den Erfolg tun

Du musst als Gründer schon ein wenig von dir preisgeben, einiges für den Erfolg tun und dir ein dickes Fell zulegen. Es lässt sich nicht vermeiden, dass die Menschen mehr über dich als Gründer und Gesicht des Unternehmens erfahren wollen und dich vielleicht auch beeinflussen wollen.

Ich versuche, mir meinen privaten Freiraum zu bewahren. Ich wollte zum Beispiel nie heiraten, es ist für mich einfach nicht wichtig. Wenn mir jetzt jemand sagen würde: Du hast eine Hochzeitsfirma, marketingtechnisch wäre es besser, wenn du heiratest, würde ich es trotzdem nicht machen. Das könnte ich nicht, weil ich mir selbst nicht mehr treu wäre.

INFO: PITCH DECK

Das **Pitch Deck** ist eine Präsentation, die kurz und präzise vorstellt, was dich und dein Produkt oder deinen Service ausmacht. Am besten erstellst du es mit bekannten Tools wie Power-Point oder Keynote. Es sollte maximal zwölf Seiten umfassen und keine oder nur wenige Bullet Points enthalten. Vorlagen für eine grafisch ansprechende Darstellung findest du unter anderem hier:

- **Peetch:** peetch.slidor.fr
- **Base Deck Template:** basetemplates.com
- **Improve Presentation:** pitchdeck.improvepresentation.com

Tipp: Pitch Decks bekannter Gründer sind heute leicht im Internet zu finden. Sich die ersten und simplen Pitch Decks von Giganten wie Airbnb oder Tinder anzusehen hilft gegen die eigene Nervosität. Sie wirken nämlich oft auch nicht professioneller als das eigene, und man sieht, dass jeder mal klein angefangen hat. Am Ende kommt es auf deine Idee und auf dich als Unternehmerin an!

Pitch Perfect: So überzeugst du andere von deiner Idee!

Fast 70% des Erfolges bei einem Pitch hängen an deiner Person. Wenn du deine Idee gut rüberbringst und die Menschen davon überzeugst, dass du sie auch umsetzen kannst, dann hast du gewonnen.

Wenn du als Person, als Gründerin oder Selbstständige nicht überzeugst, kann deine Idee die beste der Welt sein, du wirst damit wahrscheinlich trotzdem keinen großen Erfolg haben. Sei also authentisch und versuche, so selbstsicher wie möglich aufzutreten. Du wirst immer wieder in die Situation kommen, dass du jemanden von deiner Idee überzeugen musst. Das können deine zukünftigen Kunden sein, eine Bank oder ein anderer Investor, das könnte aber auch das Arbeitsamt beim Antrag auf den Gründungszuschuss sein, ein potenzieller Vermieter für deinen eigenen Laden oder dein erster Mitarbeiter, der mit einem niedrigeren Gehalt einsteigt, weil er an dich und deine Idee glaubt.

In dem Moment musst du zeigen, dass du deine Idee gut verkaufen kannst, aber auch für Rückfragen gewappnet bist. Kenne also deine Idee, dein Produkt und deine Zahlen. Du solltest wissen, wie sich deine Idee finanziell entwickelt und welches Potenzial darin steckt.

JENNIFERS TIPPS FÜR EINEN GUTEN PITCH

Bleib authentisch! Es kriegt eh jeder mit, wenn man sich verstellt. Versuche, dich für einen Pitch so zu kleiden, dass du dich wohl in deiner Haut fühlst, sei gut vorbereitet und geh selbstbewusst in den Termin.

Fass dich kurz! Nichts ist schlimmer, als 20 Minuten dem Pitch von jemandem zuzuhören, der nicht auf den Punkt kommt. Strukturiere deine Präsentation genau und übe sie vorher unbedingt mit einer Stoppuhr.

Sei vorbereitet! Kenne dein Produkt und deine Zielgruppe; nur so hast du auf jede mögliche Frage eine Antwort. Du bist der Experte auf deinem Gebiet und solltest das auch jederzeit unter Beweis stellen können.

Improvisiere im Notfall! Wenn du die Antwort auf eine Frage nicht weißt: Denk dir was aus! In dem Moment musst du einfach zeigen, dass du im Thema drin bist. Du kannst hinterher immer noch sagen: »Tut mir leid, da habe ich was verwechselt.« Jeder versteht, dass du in der Situation unter Druck stehst, aber es kommt besser an als: »Ich weiß es nicht, keine Ahnung.«

Das brauchst du jetzt

* **Rückmeldung**: Übe deine Präsentation unbedingt vor anderen, mit einer Stoppuhr und nimm dich vielleicht sogar einmal selbst dabei auf, damit du sehen kannst, wie du wirkst.

* **Energie**: Pitchen ist wie Sales, und das solltest du möglichst dynamisch und voller Elan tun. Sammle deine Energie, sei fokussiert und konzentriert.

* **Die richtigen Tools**: Deine Präsentation sollte sorgfältig gebaut, optisch ansprechend und fehlerfrei sein. Nutze die entsprechenden Tools oder such dir jemanden, der dir dabei hilft.

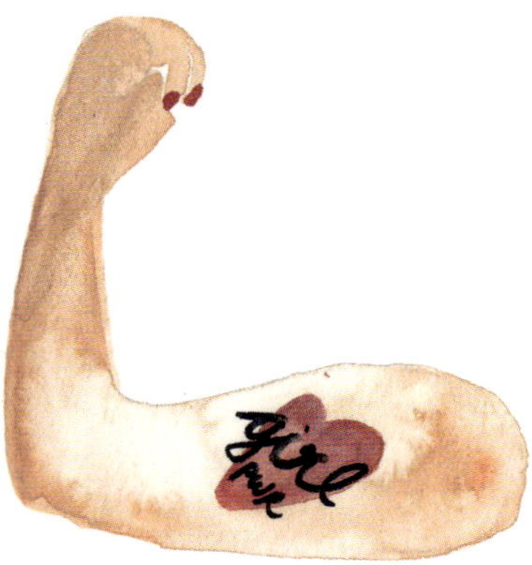

KAPITEL 5

Money makes the World go round

Einige Selbstständige sind mit ihrer Idee vom eigenen Küchentisch aus gestartet, brauchten also nicht viel mehr als einen Laptop und einen starken Kaffee. Andere beginnen direkt mit einem eigenen Laden oder Café, was viel höhere Investitionen erfordert. Egal, wie du anfängst, es ist absolut sinnvoll, sich einen Plan über Ausgaben und Einnahmen aufzustellen und zu prüfen, wo du eventuell finanzielle Unterstützung bekommst.

MIT

Dorina Hartmann MARA MEA ✱ *Anna Alex* OUTFITTERY

Gründungszuschuss

Der Gründungszuschuss ist wohl die bekannteste Förderung von Selbstständigen. Er wird vom Arbeitsamt bewilligt, läuft über sechs Monate und beinhaltet Zuwendungen in Höhe des Arbeitslosengelds I plus 300 Euro pro Monat für die Krankenversicherung. Nach seinem Ende kann ein Folgeantrag gestellt werden, bei dem weitere neun Monate die 300 Euro für die Krankenversicherung gezahlt werden.

Klingt erst einmal ziemlich gut, oder? Nicht umsonst beantragen viele Einzelunternehmer diese Form der Unterstützung. Ein paar Bedingungen werden aber natürlich auch gestellt:

BEDINGUNGEN FÜR DEN GRÜNDUNGSZUSCHUSS

* **Es muss aus der Arbeitslosigkeit gegründet werden.** Das bedeutet, du musst mindestens einen Tag arbeitslos gemeldet sein und einen Anspruch von noch mindestens 150 Tagen auf Arbeitslosengeld I haben.

* **Der zeitliche Umfang** der selbstständigen Tätigkeit muss zur Beendigung der Arbeitslosigkeit führen und mindestens 15 Stunden wöchentlich betragen.

* **Es müssen die notwendigen Kenntnisse und Fähigkeiten** zur Ausübung der selbstständigen Tätigkeit vorliegen.

* **Die Tragfähigkeit der Selbstständigkeit** muss nachgewiesen werden, man muss also einen Businessplan und eine Finanzkalkulation vorlegen. Außerdem kann zum Beispiel bei der Eröffnung eines Ladens eine Bescheinigung einer Handelskammer oder einer ähnlichen Institution notwendig sein. Da wende dich am besten direkt an deine zuständige Kammer, die kann dir detaillierter weiterhelfen.

Ob der Zuschuss bewilligt wird, ist eine Ermessensfrage des zuständigen Sachbearbeiters. Man hat keinen rechtlichen Anspruch darauf. Das ist ein wichtiger Punkt, denn nicht jeder bekommt den Gründungszuschuss. Oft scheitert es an Kleinigkeiten, die nicht beachtet wurden. Setz dich daher auf jeden Fall sehr gut mit deiner Branche auseinander, um auf Fragen sicher antworten zu können. Gib dir unbedingt Mühe mit deinem Businessplan, er ist den meisten Sachbearbeitern unheimlich wichtig.

“Ich habe den Gründungszuschuss bei der Bundesagentur für Arbeit beantragt. Er wurde mir jedoch verweigert, weil meine Geschäftsidee ihrer Ansicht nach keine Aussicht auf Erfolg hat – als selbstständige Rechtsanwältin! Ich habe bis heute noch manchmal den Impuls, bei der Agentur für Arbeit vorbeizugehen und zu sagen: I did it!”

SHANTI VIKTORIA SADACHARAM | ANWÄLTIN FÜR URHEBER- UND MARKENRECHT

“Bei mir hat es mit dem Gründungszuschuss zweimal geklappt. Ich kenne allerdings auch Kollegen, die abgelehnt wurden. Die Bezugsvoraussetzungen wurden vor ein paar Jahren verschärft, die Vorbereitung ist aber immer noch machbar. Der Businessplan muss erläutern, wie die nächsten Jahre aussehen sollen, wer mögliche Auftraggeber sind und warum man die Starthilfe beantragt. Auch hier gilt: Hilfe annehmen ist okay. Es gibt viele Vorlagen für Businesspläne und auch Kurse dazu.

Informiere dich unbedingt schon vor deinem Termin bei der Agentur für Arbeit über den Gründungszuschuss. Je besser du auf das Gespräch vorbereitet bist, desto sicherer fühlst du dich und bringst das auch rüber.

Macherin

Edith Löhle ist Journalistin und Kreativkopf aus Berlin. Sie steht für feministische Frauenpower-Themen und mag es, mit ihren Geschichten auf- und wachzurütteln.

www.edithloehle.de

Mein Tipp: Es unbedingt versuchen! Nur weil man von jemandem gehört hat, der abgelehnt wurde, sollte das das eigene Vorhaben nicht beeinflussen. Sonst lässt du dir eventuell etwas durch die Lappen gehen, denn die Unterstützung ist am Anfang viel wert, vor allem für den Kopf. ”

EDITH LÖHLE | FREIE JOURNALISTIN

Bei der Markenrechtsanwältin Shanti hat es mit dem Gründungszuschuss nicht geklappt, bei der Journalistin Edith Löhle dafür bereits zweimal. Eine Garantie oder ein Erfolgsgeheimnis gibt es nicht. Du kannst dich nur gut vorbereiten und hoffen, dass du an einen Sachbearbeiter gerätst, der dich und deine Idee versteht und unterstützenswert findet.

Mehr Infos bekommst du direkt bei der Bundesagentur für Arbeit. Dafür klickst du zunächst auf den Punkt »Privatperson«, »Arbeitslos und Arbeit finden« und dann auf den Punkt »Existenzgründung«.

✱ *www.arbeitsagentur.de*

Kredite und Förderungen

Einen Kredit bei einer Bank zu bekommen ist als Gründer und Neu-Selbstständige so gut wie unmöglich, da den Banken die Garantien fehlen. Doch auch hier gibt es Hilfen. Die Förderung der KfW-Bankengruppe wird zum Beispiel durch eine Zusammenarbeit mit der Europäischen Union (EU) ermöglicht. Die EU unterstützt die Kreditvergabe vor allem an Existenzgründer sowie kleine und mittlere Unternehmen, indem sie die Garantie für die Rückzahlung der Kredite gegenüber der KfW übernimmt. Dadurch verbessert sich die eigene Bonität bei der Bewertung, und man bekommt als Gründer leichter einen Kredit bei der Hausbank. Auch Eigenkapital ist dann nicht nötig. Dorina Hartmann und Maren Will von mara mea haben den Kredit in Anspruch genommen:

„Eigentlich war es gar nicht schwer. Wir mussten uns zunächst einmal für eine Bank entscheiden, die mit der KfW zusammenarbeitet. Dann hat die Bank alles Weitere mit der KfW direkt geregelt. Wir selbst hatten nur mit unserem Berater aus dem Gründerzentrum der Volksbank zu tun. In einem ersten Gespräch mussten wir uns und unsere Geschäftsidee vorstellen. Zu dem Zeitpunkt hatten wir schon erste Umsätze erwirtschaftet, was Banken natürlich gerne sehen. Dann mussten wir einen Businessplan inklusive Zahlenplanung (mit Rentabilitätsvorschau und Liquiditätsplanung) einreichen und ein kurzes Gründerprofil erstellen.

Nachdem der Gründerkredit genehmigt wurde, folgten weitere Termine, um sämtliche Dokumente auszufüllen, zu unterschreiben usw. Unser Fazit: Es ist zwar etwas Bürokratie, aber das bekommt jeder hin.“

DORINA HARTMANN & MAREN WILL | MARA MEA

Mehr Infos zur KfW-Förderung bekommst du hier:

* *www.kfw.de/inlandsfoerderung/Unternehmen/Gründen-Erweitern/Finanzierungsangebote/ERP-Gründerkredit-Startgeld-(067)/*

mara mea

> **„Wir haben einfach losgelegt und mit den Ideen, die wir hatten, herumprobiert. Daraus hat sich dann immer der nächste Schritt ergeben."**

2014
Start als selbstständige Designerinnen

2015
Gründung mara mea

Erfolgreiche Orderphase auf der Playtime Paris

2016
Ihre Wickeltasche ist in der Vogue Japan

2017
mara mea ist in über 100 Läden in 14 Ländern weltweit vertreten

Dorina Hartmann und Maren Will haben von Berlin aus den Markt für Umstandsmode ordentlich durcheinandergewirbelt. Ihre Designs sind modern und an die Bedürfnisse junger Mütter angepasst. Eine Marktlücke.

Vom Kids-Label zur Umstandsmode

Maren und ich haben zusammen studiert. Danach hat jede erst einmal in ihrem Feld gearbeitet, bis eines Tages eine E-Mail von Maren kam, in der sie mich fragte, ob wir zusammen ein Kids-Label gründen wollen. Ich komme eher aus dem Bereich Women's Wear und war daher zunächst ein wenig skeptisch. Aber wir fuhren dann zusammen auf die Playtime, die Kinder- und Umstandsmodenmesse in Paris, um uns die Konkurrenz anzuschauen. Dort haben wir gesehen, dass es in dem Bereich schon unheimlich viel gab. Gleichzeitig stellten wir aber fest, dass es rund ums Mamasein kaum Angebote gab, die schön, stylish, trendig und trotzdem multifunktional waren, und dass da unheimlich viel Potenzial lag. Und genau hier konnten wir unsere Expertisen auch perfekt verbinden. Die Idee für mara mea war geboren.

Eine Wickeltasche entsteht im eigenen Wohnzimmer

Auf der Messe hatten wir die Idee für das Label und auch direkt für das erste Produkt: eine multifunkti-

Die Designs von mara mea sind oft von ethnischen Einflüssen inspiriert und leicht zu erkennen an ihren knalligen Farben.

onale, schicke und trendige Wickeltasche, die man auch später noch weiter benutzen kann. Im ersten Schritt entwickelten wir das Design für die Wickeltasche. Das war eine echte Herausforderung, da wir für den Schnitt extrem viele kleine Maße benötigten. Wir haben dann selbst Prototypen bei uns im Wohnzimmer genäht. Anschließend probierten wir den Farbverlauf, das Dip Dye, mit dem wir viel arbeiten, an einem Sonntag in der Küche aus und fertigten erste Stickereien an. Wir haben einfach losgelegt und mit den Ideen, die wir hatten, herumprobiert. Daraus hat sich dann immer der nächste Schritt ergeben.

Prototypen & Produktion

Als Erstes überlegten wir, was das Thema der ersten Kollektion sein soll, und haben am Pantonefächer Farben ausgesucht. Dann kontaktierten wir Produktionsstätten, die wir bereits aus der Vergangenheit kannten und von denen wir wussten, wie sie arbeiten, wie die Qualität ist und wie es vor Ort aussieht. Wir gaben die Schnittmuster und die Maße unserer selbstgenähten Prototypen an die Produzenten und ließen dort noch einen Prototyp fertigen. Wir haben also wirklich mit dem Design und der Schnittentwicklung angefangen und so allmählich den Prototyp entwickelt.

Die Feuertaufe

In der Nacht vor unserer ersten Messe waren wir endlich fertig mit der Kollektion und allen Unterlagen und Preislisten. Damit flogen wir zu der Messe und wussten eigentlich gar nicht, was uns erwartet. Wir hatten einen Ministand mit sechs Quadratmetern und keine Ahnung, was nach den drei Tagen Messe das Ergebnis sein würde.

Aber es hat alles direkt geklappt. Wir nahmen schon am ersten Tag Bestellungen auf und hatten nach der ersten Orderphase europaweit 30 neue Kunden. Es war eine sehr große Motivation zu sehen, dass unsere Produkte auffallen und ankommen. Wir hatten eine echte Marktlücke entdeckt.

Finanzierung & Cashflow

Wir finanzierten am Anfang alles aus unserem eigenen Ersparten. Einen richtigen Finanzplan erstellten wir erst nach der ersten Orderphase, als wir uns um die KfW-Förderung bemühten. Da wussten wir, wie viel die Händler bestellen, und wir wussten, dass wir auf keinen Fall auf Kommissionsbasis arbeiten wollen und das darum gar nicht erst anbieten. Glücklicherweise haben auch nur wenige danach gefragt.

Gerade im Bereich Women's Wear machen viele kleine Labels alles auf Kommission, aber das kann kein Unternehmen langfristig ohne Investoren tragen. Das Risiko ist ansonsten extrem groß, wenn du alle Kosten selbst trägst.

Wir haben uns die Stückzahlen angeschaut und arbeiten mit festgelegten Zahlungskonditionen, die wir genau so auch mit unseren Produzenten verhandelt haben: eine Anzahlung bei Produktionsorder und die Restzahlung kurz vor Auslieferung. Das ist eine Frage der Liquidität: Wie arbeitest du mit dem Geld zum richtigen Zeitpunkt, sodass jeder Schritt auch finanziert werden kann? Da muss man sich auch erkundigen, was im eigenen Feld gängig und möglich ist.

Stolpersteine & Verträge

Es ist eine Herausforderung, den richtigen Produzenten zu finden, denn du musst genau wissen, wie und unter welchen Bedingungen deine Produkte gefertigt werden. Wir fliegen regelmäßig zu unseren Lieferanten, um alles zu überprüfen, um auf dem Laufenden zu bleiben und auch, um mit ihnen gemeinsam Kollektionen zu entwickeln.

Es ist unheimlich wichtig, alles vertraglich festzuhalten. Wir haben zum Beispiel eine Chemikalienverordnung von mehreren Seiten, in der genau vermerkt ist, was nicht verwendet werden darf, nach welchen Standards produziert werden muss, wie die Produktionsbedingungen und die Arbeitsbedingungen der Angestellten sein müssen, welche Farben verwendet werden können usw.

Wir haben da einen großen Teil selbst recherchiert. Anschließend sind wir aber zu einem Anwalt gegangen, um prüfen zu lassen, dass auch alles valide ist.

Crowdfunding

Crowdfunding ist eine tolle Möglichkeit, sein Projekt oder seine Idee mithilfe einer breiten Masse zu realisieren. Dafür meldet man sich auf einer der zahlreichen Plattformen an, stellt seine Idee vor und legt den Betrag fest, den man für die Realisierung benötigt. Dann wird die Kampagne freigeschaltet und jeder, der sie unterstützenswert findet, kann in dich und deine Idee investieren. Erreichst du dein Ziel innerhalb einer bestimmten Zeit, bekommst du den Betrag ausgezahlt, schaffst du das nicht, bekommen die Unterstützer ihr Geld zurück.

Zwei sehr erfolgreiche Crowdfunding-Kampagnen

Franziska von Hardenberg, Bloomy Days

Franziska hat im Jahr 2012, als Crowdfunding noch den wenigsten bekannt war, innerhalb von 93 Minuten die gesuchten 100.000 Euro für ihr Unternehmen Bloomy Days eingesammelt und gehört damit zu der erfolgreichsten Crowdfunding-Kampagne überhaupt.

„Wir haben damals auf Amazon einen kleinen Drehteller gekauft, damit bei uns im Wohnzimmer das Studio gebaut, mit Licht und allem. Ein Kollege meines Mannes hat das Ganze gedreht und geschnitten. Wir starteten dann Ende Mai 2012 das Crowdfunding auf Seedmatch und hatten nach 93 Minuten die 100.000 Euro zusammen. Das war schon ein total absurdes Gefühl. Heute ist es die Herausforderung, aus der Masse herauszustechen. Damals war es eher so, dass keiner wusste, dass es Crowdfunding überhaupt gibt."

FRANZISKA VON HARDENBERG | BLOOMY DAYS

Susann Hoffmann & Nora-Vanessa Wohlert, Female Future Force

Auf Platz drei der erfolgreichsten Crowdfunding-Kampagnen von Start Next im Jahr 2017 lagen Nora und Susann von Edition F. mit ihrer Female Future Force Academy. Ihr Funding-Ziel lag bei 100.000 Euro. Erreicht haben sie die Summe von 379.758 Euro, an der sich 3154 Förderer beteiligt haben.

Die Female Future Force Academy macht sich dafür stark, dass Frauen gefördert werden und sich zu einem fairen Preis fortbilden können, beispielsweise zu den Themen kreatives Denken, Selbstorganisation, Führung oder Finanzen. Die Academy bündelt 52 Wochen digitales Coaching – bestehend aus Videos, Interviews, Podcasts, Arbeitsblättern und Fragebögen.

Macherinnen

Susann Hoffmann und Nora-Vanessa Wohlert haben 2013 Edition F gegründet, ein Onlinemagazin mit einer starken Community, bei dem sich klassische Frauen- und Businessthemen verbinden.
www.editionf.com

Das Schöne an Crowdfunding ist jedoch, dass es nicht auf die Größe der Projekte ankommt. Während Franziska, Susann und Nora hohe Summen für ihre Unternehmen eingesammelt haben, wollte Autorin Sabine ihren Traum vom eigenen Buch verwirklichen. Und auch das hat mit Crowdfunding geklappt.

Macherin

Sabine Wirsching hat 2015 mithilfe einer Crowdfunding-Kampagne ihren Roman »Druckstaueffekt« auf den Markt gebracht. 2018 erschien »Drei Worte«.

Sabine Wirsching, Crowdfunding-Autorin

Der Grund, warum ich mich für Crowdfunding entschieden habe, ist sehr simpel: Der Buchmarkt ein extrem hartes Pflaster. Nach Dutzenden von Verlags- und Agenturanschreiben (die beim ersten Manuskript in der Regel nicht mal mit einer Absage, sondern nur mit Schweigen beantwortet wurden) entdeckte ich einen Blogbeitrag. Dort bewarb ein Blogger, dem ich bereits eine Weile folgte, sein neues Buchprojekt, das er mithilfe eines revolutionären Verlags und eben mit Crowdfunding herausbringen wollte. Da dachte ich mir: Okay, das probiere ich auch! Ich schrieb den Verlag an und wurde ebenfalls als Projekt aufgenommen.

Wenn die Summe der Vorbestellungen innerhalb einer bestimmten Frist den nötigen Betrag für die Veröffentlichung deckt, wird gedruckt! Das klingt leicht, doch es braucht eine gute Vorbereitung: Zum einen muss die Kampagnenseite optimal aufgebaut sein. Menschen im Internet langweilen sich schnell, also müssen gute Eyecatcher, Claims und Inhalte her, die das Interesse wecken und auch halten. Wieso sollte ich dieses noch nicht gedruckte Buch von einem unbekannten Schreiberling kaufen? Diese Frage muss man so schnell und so überzeugend wie möglich beantworten.

Für Crowdfunding-Einsteiger muss zudem kurz und knapp erklärt werden, worauf sie sich eigentlich einlassen. Sprich: Nein, wir betteln nicht, sondern wir bieten dir etwas für dein Geld! Zu erklären, was das genau ist, braucht ebenfalls eine Menge Vorbereitung. Denn in der Regel wird nicht nur das »einfache« Endprodukt, wie zum Beispiel das Buch, angeboten, sondern viele finanziell höherwertige Packages. Das können Lesezeichen zum Buch sein, signierte Ausgaben, namentliche Nennungen im Buch, Tickets für Lesungen oder Kombi-Pakete mit einer einzigartigen Zusatzleistung. Da in meinem Roman zum Beispiel viel Musik vorkam, habe ich mir die entsprechenden Musiker als Kooperationspartner gesucht: So haben etwa die Berliner Band Bonsai Kitten, der Singer-Songwriter John Allen und sogar die amerikanische Künstlerin Amanda Palmer handgeschriebene Lyrics und Gästelistenplätze zur Verfügung gestellt, die beim Crowdfunding vorbestellt werden konnten.

Erfolgreich ist eine Kampagne dann, wenn die Funder verstehen, was angeboten wird, wie sie es bekommen, und natürlich, wenn sie es dann auch noch haben wollen. Alles in allem habe ich für die Vorbereitung der Kampagne etwa ein halbes Jahr gebraucht – Vollzeit, möchte ich fast sagen.

Mein Projekt überschritt die 100%ige Finanzierungssumme am Schluss sogar vor Ende der Kampagnenlaufzeit. Also konnten wir noch eine Funding-Schwelle obendrauf setzen: Statt als Softcover konnte »Druckstaueffekt« als Hardcover veröffentlicht werden. Alternativ hätte man den überzähligen Betrag auch für Marketing oder Ähnliches nutzen können, doch wir haben uns für diese Variante entschieden.

SO WIRD DEINE KAMAPGNE EIN VOLLER ERFOLG

6 Tipps für eine gute Crowdfunding-Kampagne

In knackigen Worten ausdrücken, warum Interessenten dein Projekt unterstützen sollten und wie sie das können.

Alle Freunde, Kontakte, flüchtigen Bekannten mit diesen Worten aktivieren. Und das mehrmals. Fröhliche Penetranz ist nötig!

Effektives Marketing ist alles: Nutze alle Kanäle, die dir zur Verfügung stehen. Social Media ist da sicherlich die verbreitetste und einfachste Variante. Besonders gut: Nimm die Leute bereits im Vorfeld in den sozialen Medien mit, sodass sie zum Start der Kampagne schon wissen, worum es geht, und animiere immer wieder zum Teilen und Weiterverbreiten.

Niemals schlechte Laune verbreiten, wenn es nicht läuft, sondern optimistisch Erfolge feiern. Es muss toll, cool und unverzichtbar für den Funder sein, Teil dieses Projektes zu werden.

Nicht aufgeben, bevor es vorbei ist. Warum läuft ein Package nicht? Warum läuft ein anderes gut? Finde es heraus und stocke entsprechend auf – achte aber darauf, den Funder nicht mit zu vielen Paketen und verschiedenen Ideen zu überfordern.

Das Wichtigste: Sich selbst das Gefühl ausreden, ein Bettler zu sein. Schäm dich nicht! Crowdfunding ist keine Mitleidsnummer, sondern ein Powerprojekt!

Investorensuche

Wenn du dich nicht durch eigene Mittel oder einen Kredit finanzieren kannst, besteht die Möglichkeit, einen Investor an Bord zu holen und ihm im Gegenzug für das Geld, das er dir zur Verfügung stellt, Anteile an deiner Firma anzubieten.

Dafür musst du dich aber erst einmal damit beschäftigen, welche Modelle es gibt und was an welchem Punkt für dich und deine Firma sinnvoll ist.

„Einen Investor zu suchen ist wie Sales: Du verkaufst dich und deine Idee und möchtest jemanden so sehr davon überzeugen, dass er dir Geld dafür gibt – im Austausch für Anteile an deiner Firma."

JENNIFER BROWARCZYK | FOREVERLY

„Ich wollte nie einen Investor, weil ich schon mehrfach gesehen habe, dass Unternehmen mit dem Verkaufen der Anteile ihr Profil verloren haben. Darum war für mich klar, dass das keine Option für mich ist. Ich möchte nicht, dass das, was wir sind und uns ausmacht, verfälscht wird."

ANNE HÖWELER | COVER COMMUNICATIONS

> „Wir hatten immer das Glück, dass wir uns die Investoren am Ende aussuchen konnten. Trotzdem sprichst du mit 20 Investoren, und 17 davon sagen ab. Damit muss man umgehen können."
>
> ANNA ALEX | OUTFITTERY

Business Angel, Privatinvestor oder Venture Capitalist

Um zu entscheiden, was für dich das Richtige ist, solltest du dich zunächst mit den verschiedenen Modellen vertraut machen. Als Erstes wäre da die Unterscheidung zwischen einem Privatinvestor, einem Business Angel und einem Venture-Capital-Investor.

Ein Privatinvestor ist eine Privatperson, manchmal aus der Familie oder dem Bekanntenkreis, die als stiller Gesellschafter oder mit einem verzinsten Darlehen dein Unternehmen unterstützt, jedoch kein Mitspracherecht hat und meist weder Kontakte noch Know-how oder Beratung beiträgt.

Ein Business Angel steigt ebenfalls häufig sehr früh in eine Firma mit ein. Er bietet in der Regel Geld, sogenanntes Wagniskapital, und hilft mit Kontakten und Know-how weiter. Da das Risiko für eine Investition zu diesem frühen Zeitpunkt sehr hoch ist, nehmen Business Angels oft recht hohe Zinsen für das Kapital und bekommen in der Regel auch noch Anteile an der Firma.

Je nach Höhe des Investments, das meist zwischen 50.000 und 250.000 Euro liegt, sollte man damit rechnen, 5 bis 35% der Unternehmensanteile an einen oder mehrere Business Angels abgeben zu müssen.

Dafür sind Business Angels gerade am Anfang eine sehr gute Alternative, wenn man keinen Kredit von einer Bank und kein anderes Investment in Aussicht hat. Zudem helfen sie einem mit ihrem Wissen, Anfängerfehler zu vermeiden. Business Angels erwarten in der Regel ein Mitspracherecht bei wichtigen Unternehmensentscheidungen. Du solltest daher unbedingt darauf achten, dass bei dir und dem Business Angel die Wellenlänge stimmt!

Ein Venture-Capitalist steigt in den meisten Fällen später in ein Unternehmen ein, bringt mehr Kapital mit, unterstützt jedoch oft weniger im Bereich Beratung. Als Faustformel kann man sagen: Am liebsten investieren VCs, wenn du eigentlich kein Kapital benötigst, da du aus eigener Finanzkraft wächst, aber mit ihrer Hilfe dein Ziel noch schneller erreichen kannst. Die Investmenthöhe beginnt meistens im Bereich von 250.000 Euro, kann aber auch bei mehreren Millionen Euro liegen.

Fachbegriff Bewertung, erklärt von Anna Alex

Die Bewertung ist die Basis eines Investments. Sie entscheidet, wie viel Geld für wie viel Prozent am Unternehmen bezahlt wird. Ein wichtiger Teil dabei, der gegen jede Intuition geht: Je mehr Kapital du akquirieren willst, umso höher ist auch deine Bewertung. Der Hintergrund ist: Wenn ich jetzt sage, ich möchte 10.000 Euro haben, und ich setze dafür eine Bewertung von einer Million Euro fest, dann bekommt der Investor weniger als 1% Anteil an meinem Unternehmen. Das ist für keinen Investor interessant. Wenn du aber eine Million aufnehmen willst, kann die Firmenbewertung nicht eine Million sein, denn das würde bedeuten, dass du dein Unternehmen komplett abgibst.

Ich würde ganz genau überlegen und durchrechnen, was ich brauche, um meinen nächsten Meilenstein zu erreichen und um wenigstens 1–1,5 Jahre kein neues Geld aufnehmen zu müssen. Was möchte ich beweisen, bevor ich die nächste Runde mache? Das kann zum Beispiel sein, den Markteintritt zu erreichen und 10.000 Kunden zu gewinnen oder eine Software fertig gebaut zu haben. Die meisten Investoren bekommen insgesamt 20–25% für ihr Investment an einer Firma.

TIPPS FÜR DIE INVESTOREN-SUCHE

Tipps für die Investorensuche

Was brauchst du? Benötigst du eher einen Business Angel, der dich mit 50.000 Euro und viel Wissen unterstützt, oder brauchst du eine deutlich höhere Summe von einem Investor?

Umgib dich mit anderen Gründern. Schreib sie beispielsweise bei LinkedIn an, ob sie mal mit dir Mittagessen gehen wollen, und tausch dich aus.

Ein Investor wird sich dein Pitch Deck erst anschauen, wenn da irgendwas dahintersteht, also wenn du über eine Empfehlung kommst. Die beste Empfehlung, die du kriegen kannst, ist immer von einem anderen Gründer, der sich dein Businessmodell angeschaut hat und bereits mit dem Investor zusammenarbeitet. Schreib also bloß keine wahllosen Massenmails!

Such dir die Investoren gut aus: Schau zum Beispiel auf Crunch Base, wer bereits in ähnliche Start-ups investiert hat, und sprich diese Personen gezielt an.

Bloß nicht übertreiben! Es reicht, dein Pitch Deck und den Businessplan an potenzielle Investoren zu schicken, denn idealerweise möchtest du ja zu einem persönlichen Pitch eingeladen werden. Entscheide, welche drei Kandidaten perfekt passen würden und somit am vielversprechendsten für dich sind. Und dann fange NICHT gleich bei diesen an, sondern übe erst mal bei jemand anderem.

Drum prüfe, wer sich ewig bindet: Die Due Diligence, also die Risikoüberprüfung, sollte mit entsprechender Sorgfalt in beide Richtungen gemacht werden. Die Investoren prüfen, ob du zu ihnen passt, und du solltest dies andersherum auch unbedingt tun.

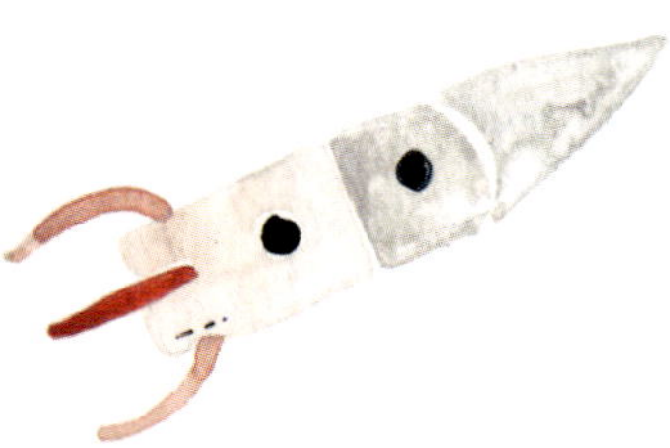

MACHERINNEN

Outfittery

> **„Investoren haben in erster Linie den Sinn und Zweck, einem Geld zu geben. Einige haben darüber hinaus hilfreiches Wissen über Märkte, Industrien und ein gutes Netzwerk, was ein Argument für sie sein kann. Aber erst mal müssen sie dir Geld geben."**

2008
Erstes Treffen von Julia & Anna

2012
Gründung der Paul Secret GmbH

Gewinn von Holtzbrinck Ventures und HTGF als erste Investoren

Umbenennung in Outfittery und Auszeichnung als Start-up des Jahres

2015
Spotify-Investor Northzone steigt bei einer 20-Millionen-US-Dollar-Investitionsrunde ein

2016
500.000 Kunden in acht Ländern

Anna Alex und Julia Bösch haben mit Outfittery eines der Vorzeige-Start-ups der Berliner Gründerszene an den Start gebracht. Sie haben mehrfach Investitionsrunden im zweistelligen Millionenbereich abgeschlossen und das Shoppingverhalten der Männer in Deutschland ordentlich durcheinander gewirbelt.

Auf los geht's los!

Ich habe meine Abschlussarbeit im Studium über Start-ups und Investoren geschrieben und dabei Zalando-Gründer Oliver Samwer kennengelernt. Einer meiner Interviewpartner hat mich mit Julia vernetzt. Julia selbst hatte Oliver Samwer mehr oder weniger zufällig kennengelernt. Er hat ihr dann aber direkt einen Job angeboten, sodass wir am Ende beide bei Zalando waren. Dort sind wir uns endlich auch persönlich über den Weg gelaufen und haben uns angefreundet. Irgendwann kam uns die Idee, gemeinsam etwas Eigenes aufzuziehen.

Da wir beide aus der E-Commerce-Branche kamen, war diese für uns gesetzt. Davon abgesehen, fanden wir Männer als Zielgruppe superspannend, da Zalando damals fast ausschließlich Frauen als Kundinnen hatte. Und schließlich erzählte uns ein gemeinsamer Freund, wie er in New York einen Personal Shopper gebucht hat und total begeistert war. Da wurde uns klar: Das ist die perfekte Art und Weise, wie Männer shoppen gehen sollten.

> **„Julia und ich arbeiten seit sechs Jahren zusammen, und ich habe Julia in dieser Zeit öfter gesehen als meinen Mann. Zu gründen ist intensiver als eine Ehe."**

Outfittery verschickt Boxen mit Outfits für Männer, zusammengestellt von einer professionellen Stylistin.

Ein starkes Team

Wir haben damals beide in WGs gewohnt, hatten keine Kinder, kein Haus abzubezahlen. Wir wussten also, wir können uns mit unserem Ersparten erst einmal über Wasser halten. Ich höre bis heute häufig, wie mutig es war, das damals zu machen. Mir erschien das tatsächlich gar nicht so mutig, weil ich wusste, wenn es nicht klappt, lasse ich mich einfach wieder anstellen.

Julia und ich arbeiten seit sechs Jahren zusammen, und ich habe Julia in dieser Zeit öfter gesehen als meinen Mann. Zu gründen ist intensiver als eine Ehe. Deshalb ist es wichtig, alles offen anzusprechen, auch Themen wie Kinder und damit verbundene Auszeiten. Julia und ich haben zwar nichts vertraglich festgehalten, haben aber vorab sehr offen alle Varianten durchgesprochen.

Investoren & falsche Fuffziger

Wir haben schon zu Zeiten, als wir noch bei Julia im Wohnzimmer arbeiteten, mit Investoren gesprochen, die wir von Zalando kannten, und unsere Idee gepitcht. Im Mai 2012, fünf Monate nach der Gründung, schlossen wir die erste Investitionsrunde mit Holtzbrinck und dem High-Tech Gründerfonds ab.

Investoren haben in erster Linie den Sinn und Zweck, einem Geld zu geben. Einige haben darüber hinaus hilfreiches Wissen über Märkte, Industrien und ein gutes Netzwerk, was ein Argument für sie sein kann. Aber erst mal müssen sie dir Geld geben. Ich würde immer vorsichtig sein, bei irgendwelchen dubiosen Business Angels, die Beratung anbieten und dafür Anteile deiner Firma haben möchten. Denn mit einem Investment könntest du dir die Beratungsleistung auch einfach einkaufen, wärst aber frei in der Entscheidung, wer dich beraten soll.

Wenn du mit deiner Idee alleine bist, giltst du als Spinner

Es gab schon seit ein paar Jahren ein ähnliches Businessmodell wie unseres in den USA: Trunkclub. In Deutschland sind wir relativ zeitgleich mit Modomoto gestartet, aber das war für uns sogar eher ein Vorteil. Für Investoren ist es ein gutes Zeichen, wenn noch andere am gleichen Thema dran sind. Denn wenn du mit deiner Idee alleine am Markt bist, giltst du als Spinner. Und ab zwei Mitbewerbern ist es überhaupt erst ein Markt. Zudem ist es superwichtig, beobachten zu können, was die Konkurrenz macht. Noch viel wichtiger ist es allerdings, sich auf seine Kunden zu konzentrieren. Die Konkurrenz hat man hoffentlich irgendwann überholt, aber die Kunden haben immer neue Ideen und neue Wünsche.

Als dann Zalando mit Zalon gestartet ist, haben wir dem Ganzen interessiert entgegengeschaut. Tatsächlich war das für uns in erster Linie wie ein

Ritterschlag. Unser ehemaliger Arbeitgeber, bei dem dem wir Jahre vorher gekündigt hatten, kopiert uns jetzt. Das war schon ein krasses Gefühl.

Letztlich kommen wir uns aber viel weniger in die Quere, als man so denkt. Zalando ist einfach sehr stark im Frauensektor, und wir haben uns eben schon immer auf Männer konzentriert.

Weibliche Gründerinnen

Klar, wir waren oft die einzigen Frauen auf Veranstaltungen oder Konferenzen. Aber wir haben das immer für uns genutzt, dass wir so eine Grundaufmerksamkeit hatten. Wir haben dann zum Veranstalter gesagt: Hey, bei dir steht gar keine Frau auf der Bühne, wir würden uns anbieten.

Ich glaube es ist wichtig, nicht zu jammern, sondern solche Themen anzusprechen.

Jeder muss da seinen eigenen Weg finden. Ich persönlich glaube, Frauen könnten noch ein wenig ambitionierter in ihren Zielen sein – was gar nicht bedeutet, männlicher sein zu müssen. Aber Männer sagen viel eher von sich, sie wollen König der Welt werden. Und ein bisschen mehr davon würde vielen Frauen und auch der Gesellschaft gut tun.

Vor sechs Jahren hätte ich beim Thema Female Empowerment wahrscheinlich gesagt, dass ich nichts damit anfangen kann, weil ich nie eine Benachteiligung erlebt habe. Mittlerweile ist mir persönlich das Thema Female Entrepreneurship sehr wichtig geworden! Unternehmertum gibt einem die Möglichkeit, sich seine eigene Welt zu bauen. Hier können Frauen nicht an gläserne Decken stoßen, da sie selbst dafür verantwortlich sind, die Grundwerte der Firma zu definieren. Somit ist es ein super Schritt für ambitionierte Frauen, ihre eigenen Unternehmen zu gründen und sich die Welt so zu machen, wie sie ihnen gefällt!

Nimm dir Urlaub!

Wenn ich alles noch einmal machen könnte, hätte ich mir am Anfang mehr Zeit genommen, alle Prozesse auch wirklich zu durchdenken, bevor wir sie implementieren. Wir dachten, wir fangen einfach mal an und lernen on the road. Das würde ich inzwischen anders machen. Es ist so viel einfacher, alles mal auf dem Papier zu skripten, wenn noch nichts existiert.

Außerdem würde ich früher noch erfahrenere Leute ins Management-Team holen. Es ist immer schwierig, die richtige Kombination zu finden aus Erfahrung und Biss. Auf der einen Seite muss derjenige noch megahungrig sein und trotzdem sollte er andererseits über Erfahrung verfügen. Nicht ganz einfach, aber da haben wir mittlerweile tolle Leute.

Ein weiterer ganz wichtiger Rat: Nimm Urlaub! Nur wenn du zwischendurch wirklich Abstand gewinnst, kannst du auch rauszoomen: Wohin entwickelt sich das alles? Wohin entwickle ich mich? Das ist unheimlich wichtig.

ZUSAMMEN-FASSUNG

Das brauchst du jetzt

✱ Schau dich nach Förderungen, Stipendien und besonderen Krediten für Gründer um.

✱ Um die Ecke denken: Crowdfunding ist nur eine Möglichkeit, auf eine andere Art Geld für dein Unternehmen oder deine Idee einzusammeln. Werde kreativ!

✱ Überleg dir genau, welche Art von Finanzierung für dich die beste sein könnte. Wie viel Geld benötigst du, und wie viel bist du bereit von deiner Firma abzugeben?

✱ Knüpfe Kontakte und sprich mit anderen Selbstständigen, die in einer ähnlichen Situation sind wie du. So kommen oft ganz neue Ideen und Projekte zustande.

✱ Triff keine übereilten Entscheidungen: Recherche, Information und ein kühler Kopf sind jetzt das Wichtigste.

girl

KAPITEL 6

Eine Firma gründen

Eine Firma gründen, das klingt nach etwas Großem, nach vielen Mitarbeitern und einem schicken Büro. Tatsächlich bedeutet es aber einfach, dass du deiner Selbstständigkeit einen Rahmen gibst. Das beinhaltet ganz simple Vorgänge wie das Beantragen einer Steuernummer, aber auch wichtige Entscheidungen, zum Beispiel, welche Unternehmensform für dich die richtige ist.

MIT

Lisa van Houtem ✱ Katharina Charpian ✱ Lisa Weilberg FEMTASTICS

Die Basics: Steuernummer, Gewerbe anmelden und Co

Wenn man sich selbstständig macht, muss man zunächst einmal einige Menschen und Institutionen davon in Kenntnis setzen. Je nachdem, ob du alleine, mit jemandem zusammen, als Freiberufler oder mit einem Gewerbe durchstartest, ändern sich auch die Voraussetzungen. Deshalb haben wir dieses Kapitel in verschiedene Abschnitte unterteilt, sodass du dir genau die Teile heraussuchen kannst, die für dich relevant und wichtig sind.

Aber ganz egal, in welcher Form du dich selbstständig machst, du musst immer das Finanzamt davon in Kenntnis setzen und eine Steuernummer beantragen.

Grundsätzlich muss jeder, der in Deutschland mit seiner Selbstständigkeit Geld verdienen möchte, ein Gewerbe anmelden. Davon ausgenommen sind die sogenannten freien Berufe.

Definition Freiberufler:

Zu den Freiberuflern gehören in der Regel Selbstständige, die wissenschaftliche, künstlerische, schriftstellerische, unterrichtende oder erzieherische Tätigkeiten ausüben, genauso wie ganz klassisch Ärzte, Anwälte, Steuerberater etc. Falls du dir nicht sicher bist, ob deine Business-Idee zu den freien Berufen gehört, kannst du bei deinem zuständigen Finanzamt nachfragen. Es gibt eine gesetzlich festgelegte Reihe von freien Berufen. Manches versteht sich von selbst, aber eventuell ist es nötig zu klären, ob deine Idee nun dazugehört oder nicht. Sollte das Finanzamt darauf hinweisen, dass die Einschätzung steuerliche Konsequenzen haben kann, lass dich noch mal eingehender beraten.

Als Freiberufler musst du kein Gewerbe anmelden und auch nicht Mitglied einer Handelskammer werden. Du musst also lediglich deine Selbstständigkeit bei dem Finanzamt, das für deinen Betriebssitz zuständig ist, anmelden und dort auch deine Steuernummer beantragen. Schon kannst du loslegen!

»Ich bin eine ganz klassische Einzelunternehmerin, habe mir aber bei allem kleine Hintertürchen offengehalten. Ich hatte zum Beispiel im Mietvertrag stehen, dass ich im Notfall nach einem halben Jahr aussteigen kann. Mir war es wichtig, wenn irgendwas schiefgeht, dass ich meine Firma leicht und schnell wieder liquidieren kann. In anderen Fällen kann sich ja alleine die Abwicklung über ein Jahr hinziehen.«

ZELDA CZOK | WINKEL VAN SINKEL

Macherin

Zelda Czok holt seit 2016 mit ihrem Laden »Winkel van Sinkel« den Amsterdamer Livestyle und jede Menge wunderschöne Grünpflanzen nach Hamburg. 2018 hat sie ihren zweiten Laden in Hamburg eröffnet.

www.winkelvansinkel.de

Alleine gründen

Wenn man alleine gründet, ist man in der Regel Einzelunternehmer. Wenn man gewerbesteuerpflichtig ist, wird diese Gesellschaftsform als Kleingewerbe bezeichnet, ansonsten gehört man zu den freien Berufen, die von der Gewerbesteuer befreit sind. Die Anmeldung eines Kleingewerbes ist sehr simpel, und auch in der Buchhaltung gelten hier einfache Regeln.

Einzelunternehmer haften persönlich und mit ihrem privaten Vermögen, falls mit ihrem Unternehmen etwas schiefgehen sollte. Um dies zu vermeiden, kannst du als einzelner Gründer zum Beispiel eine GmbH (Gesellschaft mit beschränkter Haftung) oder eine UG (Unternehmergesellschaft) gründen.

BASICS

Steuernummer beantragen

Die Steuernummern für Einkommens- und Umsatzsteuer kann man beim zuständigen Finanzamt beantragen. Das zugehörige Formular kannst du vorab online bei der Bundeszentrale für Steuern herunterladen und ausfüllen. Unterschieden wird hierbei zwischen drei Steuernummern:

1 Die Steuernummer

Die Steuernummer wird vom Finanzamt an jede steuerpflichtige natürliche oder juristische Person vergeben. Zieht man um, heiratet man oder meldet eine Selbstständigkeit an, erhält man eine neue Steuernummer. Freiberufler und Gewerbetreibende müssen sie, sofern sie keine Umsatzsteuer-Identifikationsnummer haben, in ihrer Rechnung ausweisen.

2 Die Steueridentifikationsnummer

Seit 2007 gibt es zusätzlich die Steueridentifikationsnummer. Diese erhält jeder in Deutschland gemeldete Bürger, und sie bleibt ein Leben lang bestehen. Zukünftig soll sie die Steuernummer ablösen. Bisher existieren aber beide Nummern parallel.

3 Die Umsatzsteuer-Identifikationsnummer

Die Umsatzsteuer-Identifikationsnummer dient der eindeutigen Kennzeichnung von Unternehmern und juristischen Personen. Muss ein Unternehmen Umsatzsteuer ausweisen, muss auf jeder Rechnung diese Identifikationsnummer für die genaue Zuordnung angegeben werden.

Die Steuererklärung erfolgt elektronisch über das Programm Elster. Alle Infos und Formulare findest du auch hier noch einmal:

* **www.bzst.de**

Gewerbe anmelden

Ein Gewerbe muss man beim zuständigen Gewerbe- oder Ordnungsamt anmelden. Dazu benötigt man ein Ausweisdokument und eventuell erforderliche Genehmigungen. In vielen Städten geht das bereits online. Wer ein Gewerbe anmeldet, muss nicht gesondert eine Steuernummer beantragen. Das Gewerbeamt übermittelt dem Finanzamt die entsprechende Steuernummer automatisch.

Steuerberater

Ein Verzeichnis der Steuerberater findest du bei der Steuerberaterkammer deiner Stadt. Am besten fragst du aber Freunde und Bekannte nach einem guten Tipp. Wenn du dich um deine Steuererklärung selbst kümmern möchtest, nutzt du dafür das Elster-Portal. Hier kannst du sowohl deine Einkommensteuer als auch die Umsatzsteuervoranmeldungen ganz einfach selbst hochladen.

* **www.elster.de**

Versicherung

Als Selbstständiger musst du dich selbst kranken- und rentenversichern. Hier lohnt es sich, die verschiedenen Kassen gründlich zu vergleichen, damit du den besten Tarif für dich herausfindest. Informationen darüber bekommst du am besten von den Krankenkassen und Rentenversicherern direkt. Falls du eine künstlerische Tätigkeit aufnimmst (als Journalist, Fotograf, Illustrator usw.), ist die Künstlersozialkasse der richtige Ansprechpartner. Mehr Informationen findest du auf der Webseite:

* **www.kuenstlersozialkasse.de**

Scheinselbstständigkeit

Besonders bei Freiberuflern und Selbstständigen, die als Einzelunternehmer für größere Firmen arbeiten, spielt das Thema Scheinselbstständigkeit eine wichtige Rolle. Eine solche ist wahrscheinlich gegeben, wenn man zum Beispiel ausschließlich für einen Auftraggeber tätig ist oder 5/6 seines Einkommens über ihn bezieht. Auch darf man als Selbstständiger vom Auftraggeber keine Urlaubsregelungen vorgegeben bekommen. Gegen eine Scheinselbstständigkeit spricht, wenn du deine Arbeitszeiten und den Arbeitsplatz die meiste Zeit frei wählen kannst.

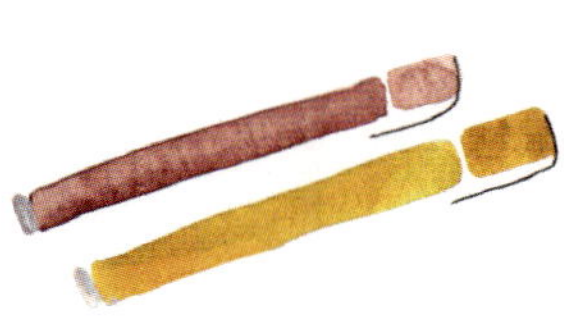

Eine Scheinselbstständigkeit kann unangenehme Folgen, meist finanzieller Natur, für Auftraggeber und Auftragnehmer haben. Ganz wichtig: Unwissenheit schützt vor Strafe nicht. Deshalb lieber einmal zu viel als zu wenig zu diesem Thema schlau machen!

WIE MUSS EINE RECHNUNG AUFGEBAUT SEIN?

Rechnungen schreiben

Da du natürlich Geld mit deiner Selbstständigkeit verdienen willst, ist es wichtig, korrekte Rechnungen auszustellen. Dabei gilt es, ein paar Dinge zu beachten, damit es nachher keinen Ärger mit dem Kunden oder dem Finanzamt gibt.

Was muss und sollte eine korrekte Rechnung enthalten?

* **Rechnungssteller**: Hier trägst du den offiziellen Firmennamen deines Unternehmens (Firmierung) und deine Geschäftsadresse ein.

* **Rechnungsempfänger**: das Unternehmen, für das du den Auftrag ausgeführt hast – ebenfalls mit korrekter Firmierung und vollständiger Adresse.

* **fortlaufende Rechnungsnummer**: Ich nutze hierfür die Faustregel »Jahr/Monat/Tag/fortlaufende Nummer«, also beispielsweise 20180101001 für die erste Rechnung des Jahres, die ich am 01.01.2018 erstellt habe.

* **Rechnungsdatum**: das Datum, an dem du die Rechnung ausgestellt hast, in meinem Beispiel der 01.01.2018.

* **Detaillierte Auflistung der erbrachten Leistung** in Tagessätzen, Stückzahlen oder in ähnlicher nachvollziehbarer Weise.

* **Datum (oder Zeitraum) der Leistung** oder Lieferung: An welchem Tag (oder in welchem Zeitraum) hast du deine Arbeit erbracht, oder wann wurde diese an den Kunden ausgeliefert?

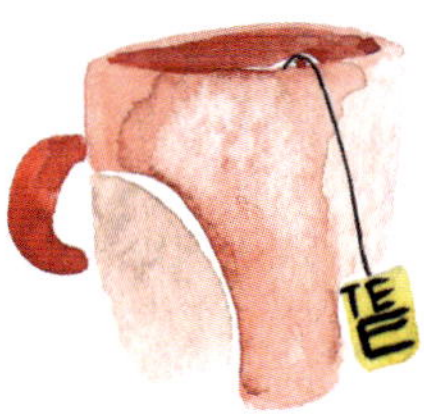

* **Nettobetrag**: Sowohl der Nettobetrag jeder einzelnen Leistung also auch jener der Rechnungssumme sollte aufgeführt werden.

* **Steuersatz und -betrag**: Der jeweilige Umsatzsteuersatz muss aufgeführt werden. Ausgenommen sind davon Selbstständige, die unter die Kleinunternehmerregelung fallen (siehe Infokasten). Diese müssen ihre Rechnungen mit einem entsprechenden Vermerk versehen, dass sie von der Umsatzsteuer befreit sind. Deine Steuernummer sowie gegebenenfalls deine Umsatzsteuer-Identifikationsnummer musst du ebenfalls angeben.

Zusätzlich solltest du für deine Rechnung folgende Punkte mitaufnehmen:

* **Kontoverbindung** mit IBAN und BIC: Der Kunde soll ja wissen, wohin er dein Geld überweisen soll.

* **Zahlungsziel**: Du kannst innerhalb bestimmter Richtlinien eine Frist setzen, bis wann dein Geld auf deinem Konto eingegangen sein soll. In der Regel beträgt diese Frist zwischen 14 und 30 Tagen.

INFO: KLEINUNTERNEHMERREGELUNG

Wenn du unter die Kleinunternehmerregelung fällst, musst du keine Umsatzsteuer abführen. Du kannst für deine geschäftsbedingten Ausgaben aber auch keine Vorsteuer geltend machen, also deine gezahlte Umsatzsteuer vom Finanzamt zurückfordern. Unter die Kleinunternehmerregelung fällst du, wenn dein Umsatz im vorangegangenen Kalenderjahr 17.500 Euro nicht überschritten hat und voraussichtlich im laufenden Kalenderjahr 50.000 Euro nicht übersteigen wird.

5 TIPPS FÜR FREELANCER VON MAREN MERKEN, CONTENT CREATOR & STRATEGIST

1. **Buchhaltung und Steuern:** Das macht keinen Spaß, aber sich darüber schlauzumachen, ist neben der eigentlichen Tätigkeit mit das Wichtigste. Ich kenne etliche Freelancer und Selbstständige, die jahrelang relativ erfolgreich gearbeitet haben, dann aber plötzlich aus allen Wolken fielen und fast vor dem Aus standen, weil sie sich vorher nicht mit den Steuern auseinandergesetzt hatten. Wenn man nicht eigenverantwortlich die Umsatzsteuer abführt, sich nicht um die richtige Versicherung kümmert oder andere Pflichten ignoriert, können schnell riesige Forderungen auf einen zukommen. Da hilft es, Versicherung, Finanzamt und Co immer einen Schritt voraus zu sein. Du überschreitest den Steuerfreibetrag dieses Jahr? Bereite dich auf die Umsatzsteuervoranmeldungen vor, die du im nächsten Jahr abgeben musst. Leg Geld weg, informier dich!

2. **Networking ist das A und O:** Es wird viel geredet, geplaudert, versprochen, und oft kommt dabei auch nichts rum. Manchmal aber eben doch. Ich setze auf Synergien, lehne extreme Konkurrenz ab und bin stattdessen ein Fan von Miteinander auch unter Freelancern. Der Sitznachbar aus der Uni kann später ebenso dein Kunde sein wie die Schwester deiner Schwiegermutter in spe oder dein zufälliger Nebenmann beim Flug in den Urlaub. Wer viele Menschen kennt und fair, nett und kooperativ ist, bleibt nicht nur im Gedächtnis, sondern wird auch gerne beauftragt. Dazu gehört es auch, mal auf Partys zu gehen, auf denen interessante Menschen sein werden, selbst wenn man gerade keine so große Lust hat.

3. **Professioneller Auftritt ist ein Muss:** Damit meine ich nicht, dass man ein Kostüm tragen muss und nicht tätowiert sein darf. Aber ein Profi weiß, was er kann, und verkauft das professionell und bestimmt. Dazu gehören eine gute Website, gepflegte Social-Media-Auftritte, catchy Visitenkarten.

4. **Transparent und fair arbeiten:** Dazu gehört auch, potenziellen Kunden nicht auf Teufel komm raus irgendeinen Mist zu verkaufen, weil man damit Geld verdient. Das führt nur zu Frustration bei einem selbst und dem Kunden. Ich habe auch schon nach dem Erstgespräch zu einem potenziellen Kunden gesagt: »Das macht für euch noch keinen Sinn. Darüber sprechen wir in einem Jahr noch

mal.« Die waren ganz überrascht, weil andere Agenturen und Freelancer ihnen vorher genau zu dem Thema horrende Angebote geschickt und das Blaue vom Himmel versprochen hatten. Überrascht – aber zufrieden. Viele dieser Kunden sind wiedergekommen und mir treu geblieben.

5 **Wissen, was man wert ist:** Preisdumping ist unter Freelancern leider gang und gäbe. Sich gegenseitig unterbieten oder für extrem niedrige Sätze arbeiten macht jedoch den Markt kaputt. Das kommt vielleicht bei manchen Firmen gut an, bei Kollegen aber umso weniger. Und man selbst hat am allerwenigsten davon. Wenn man vorher fest angestellt war, klingen 30 Euro Stundenlohn viel. Wenn man davon aber die Steuer, die Versicherung und alle anfallenden Kosten abzieht und die Zeiten für Akquise, Buchhaltung, Krankheit und Urlaub querfinanziert, bleibt einfach nichts übrig. Natürlich verhandle auch ich individuell. Vielleicht gefällt mir ein spezielles Projekt mit wenig Budget besonders, und ich finde da einen anderen Deal für mich wie Boni-Zahlungen, Beteiligungen oder Sachgegenwert. Wer aber langfristig erfolgreich sein möchte und Qualitätsarbeit leistet, muss seinen Wert kennen und ihn auch einfordern.

Macherin

Maren Merken ist Content Creator & Strategist. Sie hilft Firmen, sich in der digitalen Welt zu präsentieren, und reist für guten Content auch mal um die halbe Welt.
www.marenmerken.com

Gemeinsam gründen

Eine Firma zusammen gründen ist ein bisschen, wie eine Ehe einzugehen. Man sieht einander in nächster Zeit wahrscheinlich häufiger als den jeweiligen Beziehungspartner. Es ist also wichtig, sich jemanden zu suchen, mit dem man gut zusammenarbeiten kann, mit dem es aber auch menschlich passt. Und manchmal ist es gar nicht so einfach, das vorher zu erkennen. Sicherlich spielt Sympathie eine wichtige Rolle, aber sollte man deswegen mit der liebsten Freundin ein Unternehmen aufbauen? Wie so oft im Leben lautet die Antwort: Kommt darauf an! Wenn man mit der besten Freundin auch noch ganz wunderbar zusammenarbeiten kann, sich ergänzt und Stress im Job von der Freundschaft trennen kann, dann let's go!

Egal mit wem man gründen möchte, wichtig ist, während der ersten gemeinsamen Projekte gut in sich hineinzuhören und Warnsignale nicht zu übergehen. Denn meist merkt man schon früh, wenn sich der Geschmack oder die Art zu arbeiten zu gravierend voneinander unterscheiden oder wenn es einfach nicht klickt.

Auch ist es entscheidend, dass jeder einen eigenen Verantwortungsbereich hat, sonst kommt es schnell zu Kompetenzgerangel und Unstimmigkeiten.

Das war unsere Erfahrung beim gemeinsamen Gründen:

„Julia und ich haben sehr früh angefangen, mit einer Management-Trainerin zu arbeiten. So ein Profi kann einem helfen, eine gute und offene Kommunikationskultur aufzubauen und die schwierigen Themen nicht ständig zu umschiffen. Wir mussten lernen, uns streiten zu können, Konflikte miteinander haben zu können, aber uns gegenseitig auch vertrauen zu können. Das müssen Geschäftspartner lernen, genau wie es Ehegatten lernen müssen."

ANNA ALEX | OUTFITTERY

„Bei uns ist es echtes Glück, dass wir in Sachen Arbeitseinstellung und Umsetzung so sehr auf einer Ebene sind. Das musste ich zum Glück auch nie infrage stellen. Vielleicht hatten wir einfach den richtigen Instinkt, vielleicht war es auch die gemeinsame Zeit an der Uni, durch die wir wussten, wie die andere Person arbeitet und wie zuverlässig sie ist. Wir haben auch in Sachen Designs und Ästhetik eine sehr ähnliche Vorstellung, sodass wir uns bei vielem auf Anhieb einig sind. Und wenn dem einmal nicht so ist, denken wir beide noch einmal gründlich darüber nach, prüfen unsere eigene Meinung und kommen am Ende meist zu einem besseren Ergebnis."

DORINA HARTMANN & MAREN WILL | MARA MEA

„Camilla ist damals relativ schnell schwanger geworden, wohingegen mein Sohn schon aus dem Gröbsten raus war. Ich habe unsere Social-Media-Agentur also noch etwa ein halbes Jahr als Höweler Rando GbR weitergeführt. Dann wurde allerdings schnell klar, dass Camilla in Zukunft lieber ihr neues Projekt, Mummy Mag, macht und darauf ihren Fokus legt. Ich hingegen wollte einen Neustart und gründete eine GmbH mit alleiniger Geschäftsführung. Camilla und ich verstehen uns aber nach wie vor supergut und arbeiten gerne und immer wieder an gemeinsamen Projekten."

ANNE HÖWELER | COVER COMMUNICATIONS

„Meine Partnerin Fritzi und ich haben uns wenige Monate nach Eröffnung des Cafés getrennt. Obwohl wir vorher lange über unsere Idee vom eigenen Laden gesprochen hatten, sah die Realität dann eben doch anders aus. Mein Rat daher: Macht einen vernünftigen Vertrag, in dem ihr vorab alle Eventualitäten abklärt und der für beide Seiten fair ist. Sprecht darüber, was passiert, wenn ihr euch auflöst – denn das passiert leider doch recht häufig."

SARAH HALLMANN | HALLMANN & KLEE

MACHERINNEN

femtastics

„Wir geben starken weiblichen Role Models eine Plattform, um Frauen zu inspirieren, zu ermutigen und sie zu vernetzen – on- und offline."

2014
Das große Brainstormen

2015
femtastics geht online

2016
femtastics x Black Velvet Circus »girl gang«-Shirt kommt auf den Markt

Hamburg-Guide »Hamburg for women only« erscheint im Brandstätter Verlag

femtastics x Stilnest »girl gang«-Schmuckkollektion kommt auf den Markt

2018
Der kleine Bruder homtastics geht online

Anna Weilberg, Lisa van Houtem und Katharina Charpian sind rechtlich gesehen eine GbR, ein Zusammenschluss von freien Journalistinnen. Vor allem sind sie aber ein Spitzenteam und gestalten gemeinsam und mit jeder Menge Girlpower ihr beliebtes Onlinemagazin femtastics.

Keine von uns hätte das alleine durchgesetzt

Bei der Gründung von femtastics kamen einfach mehrere glückliche Punkte zusammen: Wir als Team haben uns zu einer Zeit gefunden, in der wir alle hungrig auf was Eigenes und Neues waren. Aber keine von uns hätte das alleine so umgesetzt. Ausschlaggebend für uns war, dass wir es als Team machen. Wir haben zu dritt geschaut: Wie ergänzen wir uns? Was kann jede von uns besonders gut? Wie sieht ein zeitgemäßes Onlinemagazin für Frauen aus? Wie finden wir unsere Nische?

Für uns war klar, wir wollen weg vom Häppchenjournalismus, der in den Onlineredaktionen bisher unser täglich Brot war. Wir wollten Geschichten machen, auf die man auch ein paar Monate später noch zugreift, die nicht nach nur einem Tag schon ihre Relevanz verlieren. Zudem lagen Ende 2014 Girlpower und Female Empowerment in der Luft. Wir spürten, da kommt eine Bewegung auf, für die es in Deutschland aber noch nicht viele Medien gibt. Und so sind wir zu dem Onlinemagazin gekommen, wie es heute aussieht. Hier konnten

> **»Wir wollten Geschichten machen, auf die man auch ein paar Monate später noch zugreift, die nicht nach nur einem Tag schon ihre Relevanz verlieren.«**

2016 haben die femtastics zusammen mit Stilnest ihre eigene Schmuckkollektion auf den Markt gebracht.

wir diesen klassischen »Frauenjournalismus« mit Beauty und Fashion hinter uns lassen. Wir wollten uns thematisch nicht einschränken und stattdessen inspirierende Frauen aus den unterschiedlichsten Bereichen interviewen, ihre Geschichten und ihren Werdegang erzählen.

Die ersten Schritte

Im Herbst 2014 war unsere große Brainstorm-Phase, im Januar haben wir angefangen zu produzieren und die Website zu entwickeln, und im Mai 2015 sind wir online gegangen. Neben dem Konzipieren und Erstellen unserer Inhalte war es wichtig, mit dem Programmierer unsere Seite zu gestalten und eine Social-Media-Präsenz aufzubauen. Den Launch haben wir mit verschiedenen PR-Maßnahmen unterstützt. Es ging also nicht nur darum, das Produkt zu haben, wir mussten das Ganze auch bereits vor dem Launch bewerben, um direkt voll durchstarten zu können.

Wir haben zunächst unser eigenes Geld in das Projekt gesteckt, denn ein bisschen Startkapital braucht man auch bei einem Onlinemagazin. Der nächste Step war, ein Netzwerk aus Fotografen und

Dank Shirt und Schmuck kann jeder der mag teil der #femtasticsgirlgang sein.

freien Autoren aufzubauen. Mittlerweile arbeiten wir mit rund 20 Fotografinnen und zehn Autorinnen in ganz Deutschland zusammen.

Wie verdient ihr eigentlich Geld?

Und natürlich haben wir von Anfang an daran gearbeitet, die Marke »femtastics« zu entwickeln und aufzubauen, sie von Online nach Offline zu verlängern. Wir haben zum Beispiel mit der Hamburger Designerin Tanja Glissmann das »girl gang«-T-Shirt entworfen, wir haben einen Hamburg City Guide bei einem renommierten Verlag veröffentlicht und mit Stilnest eine Schmuckkollektion herausgebracht. Alle Projekte und Medienmarken laufen unter dem Dach unseres parallel gegründeten Medien-Start-ups Tastics Media. Hier produzieren wir als Kreativagentur auch Inhalte für andere Unternehmen – vom Konzept bis zum Magazin.

Wir haben femtastics komplett eigenfinanziert und ohne Fremdkapital gestartet. Im ersten Jahr unserer Selbstständigkeit nutzten wir alle den Gründungszuschuss und starteten als Zusammenschluss freier Redakteurinnen in Form einer GbR (Gesellschaft bürgerlichen Rechts).

Anfangs haben wir weitestgehend unentgeltlich gearbeitet und das Projekt mit Aufträgen, die wir als freie Journalisten nebenbei annehmen konnten, zwischenfinanziert. Uns war wichtig, femtastics nicht als Hobbyprojekt, sondern als Business zu präsentieren und zu leben. Wir haben uns dem Druck ausgesetzt, dass wir schnell Geld verdienen mussten, und konnten dann auch relativ zügig Einnahmen verbuchen. Außerdem haben wir von Anfang an Wert darauf gelegt, unsere freien Mitarbeiter schnellstmöglich zu honorieren.

Unsere Geschäftsstrategie basiert auf mehreren Säulen: Die wichtigste Einnahmequelle ist das Content Marketing. Wir integrieren Produkte, Marken oder auch Personen aus Unternehmen in unsere Beiträge – sowohl inhaltlich als auch optisch. Die betreffenden Storys sind entsprechend als Advertorials gekennzeichnet.

Außerdem setzen wir Social-Media-Kooperationen mit Unternehmen auf unseren Facebook- und Instagram-Kanälen um. Unsere hochwertig produzierten Inhalte verkaufen wir zudem im Rahmen einer Zweitverwertung an Printprodukte.

Schneeballprinzip

Das Schneeballprinzip in den sozialen Medien war von Anfang an Teil der Traffic-Strategie. Wir interviewen interessante Persönlichkeiten, die unsere Beiträge wiederum in ihrem Netzwerk teilen, sodass sich die Inhalte schnell vervielfältigen.

Kunden und Ideen

Die Akquise von Kooperationspartnern macht einen erheblichen Teil unserer Arbeit aus. Inzwischen haben wir uns eine große Kundenkartei aufgebaut, auf die wir aktiv mit Ideen und verschiedenen Kooperationsmöglichkeiten zugehen. Dabei sind uns langfristige Kooperationen am liebsten, weil sie am nachhaltigsten für beide Seiten sind: Der Leser identifiziert sich besser mit der Marke, und wir können mit kooperierenden Unternehmen eine Partnerschaft aufbauen. Wir haben gute Erfahrungen damit gemacht, mit einem konkreten Vorschlag für eine Zusammenarbeit auf ein Unternehmen zuzugehen – gleichzeitig sollte man darauf achten, keine gratis Konzeptionsarbeit zu leisten. Wir sind keine Fans von Standardmails, sondern machen uns immer Gedanken, die jeweilige Marke und ihre Message zu verstehen. Schließlich wollen wir tollen Content auf unserer Website haben, von dem alle Seiten profitieren und der vor allem einen Mehrwert für unsere Leser bietet.

Girlboss und Girlpower

Girlpower ist die Essenz von femtastics: Wir stellen starke und inspirierende Frauen aus verschiedenen Bereichen vor – von der Anwältin über die Designerin bis hin zur Aktivistin. Wir interviewen zwar viele Girlbosse, also speziell Gründerinnen von eigenen Unternehmen, wir porträtieren aber ebenso Frauen in einer Festanstellung oder solche, deren Leben sich nicht vorrangig um den Job dreht.

Wir geben starken weiblichen Role Models eine Plattform, um Frauen zu inspirieren, zu ermutigen und sie zu vernetzen – on- & offline. Dabei geht es nicht immer nur um Erfolg, sondern genauso ums Scheitern – sei es im Job oder im Privatleben. Nicht jede Idee funktioniert, und manchmal muss man einen Schritt zurückgehen, um einen neuen Weg auszuprobieren. An Herausforderungen kann man wachsen, ebenso wie an Rückschlägen. Auch das bedeutet für uns Girlpower.

TEAM-TIPPS VON DEN FEMTASTICS

Man sollte dasselbe wollen: Wir wussten von Anfang an sehr genau, was wir mit femtastics umsetzen möchten und was nicht. Das sollte bei allen übereinstimmen.

Das Team nie in Frage stellen: Klar wäre es auch schlau gewesen, als Redakteurin mit einer Fotografin an der Seite das Ganze zu gründen. Aber wir als Team aus drei Redakteurinnen standen immer fest, daran gab es nichts zu rütteln.

An einem Strang ziehen: Natürlich muss man Aufgaben verteilen, aber jede sollte immer noch die Bereiche übernehmen können und dürfen, die ihr am meisten Spaß machen.

Verträge schließen: Wir haben einen Vertrag erstellt, in dem wir festgelegt haben, was passiert, wenn eine von uns aussteigen möchte, schwanger wird, wie viel Urlaub jede von uns bekommt und wie wir die Erträge auszahlen. Das vermeidet viel Streitpotenzial!

Mitarbeiter

Mitarbeiter sind ein wichtiges, aber auch heikles Thema für ein junges Unternehmen. Auf der einen Seite bedeutet es Wachstum und eine gute Auftragslage, wenn man die Arbeit nicht mehr alleine schafft. Auf der anderen Seite kommen neue Kosten und Pflichten hinzu. Viele arbeiten zunächst einmal mit Aushilfen auf Stundenbasis und suchen sich einen Praktikanten, der ihnen bei einfachen Aufgaben hilft. Dabei ist die Auswahl der Mitarbeiter genauso wichtig wie die Abwicklung des Lohns. Darum lohnt es hier, sich früh Hilfe zu suchen.

„Bis wir unsere erste Mitarbeiterin hatten, sind etwa zwei Jahre vergangen. Wir haben ganz lange nur zu dritt gearbeitet, andere fest an uns binden, das wollten wir anfangs noch nicht."

FRÄNZI KÜHNE | TLGG

„Wir stehen in der Weihnachtszeit mit vier Leuten im Laden. Die Lohnabrechnung und die Verträge mache ich über eine externe Lohnbuchhaltung. Die Mädels schreiben ihre Stunden auf, und mich kostet die Lohnabrechnung im Monat nur gut 50 Euro – für etwas, für das ich selbst viel mehr Zeit aufwenden müsste."

ZELDA CZOK | WINKEL VAN SINKEL

Jobmodelle

Gleitzeitkonto: Bei einem Gleitzeitkonto schreibt der Mitarbeiter seine geleisteten Stunden auf, und diese werden mit der Soll-Arbeitszeit verrechnet. So können Chef und Mitarbeiter gemeinsam schauen, wann die Stunden am sinnvollsten investiert werden sollten. Beispielsweise muss oft zu Stoßzeiten wie Weihnachten mehr gearbeitet werden als die durchschnittliche Wochenstundenzahl. Dies gleicht sich aber übers Jahr gesehen aus, wenn sich der Mitarbeiter in ruhigeren Zeiten auch mehr erholen kann.

Minijob: Bei einem Minijob wird ein Mitarbeiter auf sogenannter 450-Euro-Basis angestellt. Dieser Betrag darf im Monat nicht überschritten werden. Der Mitarbeiter ist über dieses Arbeitsverhältnis weder kranken- noch rentenversichert, auch wenn der Arbeitgeber hierfür einen kleinen Beitrag entrichten muss.

Praktikum: Man unterscheidet zwischen einem freiwilligen und einem Pflichtpraktikum. Bei einem freiwilligen Praktikum, das länger als drei Monate dauert, gilt der gesetzliche Mindestlohn. Ein Pflichtpraktikum ist von einer Schule oder Hochschule vorgeschrieben und muss nicht vergütet bzw. die Vergütung kann frei bestimmt werden. Gleiches gilt bei freiwilligen Praktika unter drei Monaten.

5 TIPPS VON SARAH HALLMANN

Wo bekommt man gute Mitarbeiter her?

* **Vernetzt sein:** Alle Mädels, die bei mir in der Küche arbeiten, kannte ich schon vorher über eine Ecke oder durch den Job.

* **Talente erkennen und fördern:** Ich habe zum Beispiel eine Angestellte hier, die eigentlich etwas anderes machte und während des Studiums als Aushilfe anfing. Sie ist jetzt ganz bei uns eingestiegen, und ich versuche, sie zu fördern, damit sie nächstes Jahr hoffentlich die Weiterbildung zum Sommelière machen kann.

* **Nach links und rechts schauen:** Manchmal braucht es keine jahrelange Erfahrung, und so mancher kann etwas einfach aus dem Bauch heraus gut. Und diese Menschen gilt es zu erkennen!

- **Perspektiven schaffen:** Ich versuche, gute Leute zu halten, indem ich ihnen vielversprechende Perspektiven verschaffe. Das ist ganz wichtig.

- **Fair sein:** Gastronomie ist ein sehr arbeitsintensives Feld, und ich versuche wirklich, faire Bedingungen zu schaffen und Überstunden in Maßen zu halten. Das ist leider nicht immer möglich, aber wir sind da auf einem guten Weg.

GbR, UG oder GmbH – die Gesellschaftsformen

Wenn man im Team gründet, hat man mehr Auswahl an Gesellschaftsformen, als es als Einzelunternehmer der Fall ist. Unterschieden wird zwischen Personengesellschaften und Kapitalgesellschaften. Zu Ersteren zählen: die Gesellschaft bürgerlichen Rechts (GbR), die offene Handelsgesellschaft (OHG) und die Kommanditgesellschaft (KG). Die gängigsten Varianten der Kapitalgesellschaft sind: die Gesellschaft mit beschränkter Haftung (GmbH), die haftungsbeschränkte Unternehmergesellschaft (UG) und die Aktiengesellschaft (AG).

Im Folgenden werden die wichtigsten drei Gesellschaftsformen vorgestellt, zwischen denen ihr euch höchstwahrscheinlich entscheiden werdet. Mehr Informationen zu allen Gründungsformen findet ihr hier:

- *www.gruenderszene.de/allgemein/gesellschaftsformen-fur-die-unternehmensgrundung*

GbR: Gesellschaft bürgerlichen Rechts

Um eine GbR zu gründen, benötigt man mindestens zwei Personen. Man sollte alles Besprochene und Vereinbarte in einem Vertrag festlegen. Dieser kann recht formlos sein, sollte aber bestenfalls mit einem Anwalt zusammen erstellt werden.

Wichtiger Punkt bei einer GbR ist die Haftung. Jeder Gesellschafter einer GbR haftet für etwaige Verbindlichkeiten persönlich und unbeschränkt. Das bedeutet, dass sowohl das Gesellschaftsvermögen als auch das Privatvermögen der Gesellschafter gefordert sind, sollten Verbindlichkeiten offen sein. Die Haftung kann allerdings auch durch einen Vertrag im Vorhinein anders geregelt werden. Ohne weitere vertragliche Bestimmungen haften die Gesellschafter jedoch gemeinsam.

„Wir sind als Zusammenschluss freier Redakteurinnen in Form einer GbR gestartet. Dadurch haben wir für femtastics nie einen übergreifenden Businessplan geschrieben, aber jede von uns musste für den Gründungszuschuss einen für sich selbst vorlegen."

LISA VAN HOUTEM, KATHARINA CHARPIAN & ANNA WEILBERG

FEMTASTICS

„Wir haben uns für eine GbR entschieden, weil es die einfachste Form ist."

JULIA WHITE & SILKE VOIGTLÄNDER | WIT & VOI

GmbH & UG

Die GmbH ist noch immer die verbreitetste Form der Gesellschaftsgründung. Dafür muss ein Mindeststammkapital in Höhe von 25.000 Euro eingebracht werden, wovon mindestens die Hälfte direkt bei der Gründung zu entrichten ist. Bei zwei Partnerinnen werden also mindestens 12.500 Euro pro Person benötigt. Außerdem muss das Ganze notariell beglaubigt werden.

Eine neue Unterform der GmbH ist die UG. Bei dieser Gesellschaftsform wird für die Gründung lediglich eine Einlage in Höhe von 1 Euro benötigt, und sie hat einen besonderen Rechtsformzusatz: Sobald die 25.000 Euro Rücklagen vorhanden sind, wird die UG in eine GmbH umgewandelt.

„Wir haben damals zusammen einen Gründungskurs bei der VHS gemacht, und parallel haben wir viel recherchiert, gelesen und mit Leuten gesprochen. Für eine UG sprach, dass wir wenig Kapital benötigten und am Anfang alles von unserem Ersparten finanzieren konnten, also kein Fremdkapital in die Firma einbringen mussten. Wir haben dann gemeinsam die Verträge ausgearbeitet, sie von einem Notar beglaubigen lassen und im April 2015 unsere UG gegründet."

DORINA HARTMANN | MARA MEA

Kleiner Tipp: Wenn man mit mehreren Personen gründen möchte, müssen alle gemeinsam ein Gewerbe anmelden. Wenn man sich für eine Kapitalgesellschaft entschieden hat (GmbH, UG) muss zusätzlich ein Handelsregisterauszug vorliegen.

> **„Was wir in Zukunft anders machen möchten: Erfolge und Meilensteine richtig feiern! Das bleibt im Business-Alltag zu schnell auf der Strecke."**
>
> **LISA VAN HOUTEM, KATHARINA CHARPIAN & ANNA WEILBERG** | FEMTASTICS

Feier die kleinen Schritte!

Jetzt hast du schon zahlreiche wichtige Schritte hinter dir: Du hast dich dafür oder dagegen entschieden, im Team zu gründen, weißt also, wer bei deinem Projekt mit an Bord ist. Du hast dir überlegt, was die für dich geeignete Rechtsform ist, um dich und deine Selbstständigkeit bestmöglich abzusichern. Du hast dir einen Namen für dein Unternehmen überlegt und dich im Idealfall darum gekümmert, diesen schützen zu lassen.

Ich finde, du hast schon ganz schön viel geschafft! Klopf dir mal ordentlich auf die Schulter und belohn dich. Lade dich zum Beispiel selbst zum Essen ein, mach eine Flasche Prosecco auf oder lass dir ein langes, heißes Bad ein. Wie du solche Meilensteine feierst, ist gar nicht so wichtig – wichtig ist nur, dass du sie feierst!

Id
Ai
Ps

KAPITEL 7

Let's get digital

Eine Webseite ist heute in vielen Branchen wichtiger als eine tatsächliche Visitenkarte. Letztere kann man schließlich nachreichen. Den ersten Eindruck im Netz kann man aber nur schwer korrigieren. Daher sollte jeder, der selbstständig arbeitet, Zeit und ein wenig Geld in den Aufbau einer eigenen Webseite investieren.

MIT

Aya Jaff »MRS CODE«

MACHERIN

Aya Jaff

> **»Etiketten wie »Mrs Code« und »schön nerdig« bekam ich eigentlich mit den ersten Artikeln. Die Kommentare waren entsprechend harsch, auch wenn mir das Ganze am Ende viele Türen geöffnet hat.«**

2013
Das Vertretungsplanproblem

2015
Abbruch des Informatikstudiums

Tim Draper & das Silicon Valley

Rails Girls

2016
»Mrs Code«

Die 21-jährige Aya Jaff wurde von einer Zeitung bereits als »Mrs Code« gefeiert, sie gewann ein Stipendium im Silicon Valley und setzt sich heute mit Begeisterung dafür ein, andere Mädels an das Thema Programmieren heranzuführen – ohne ihr Informatikstudium jemals beendet zu haben.

Die Begeisterung für Technik begann schon in der Schule

Wie so oft war es bei mir einfach ein Schneeballeffekt. Ich lese leidenschaftlich gerne Bücher und habe damals das Buch »Rich Dad, poor Dad« gelesen. Danach war mir klar: Ich muss was Eigenes machen, ich will mal mein eigenes Unternehmen gründen. Ich habe also überlegt, was ich in meiner Umgebung besser machen kann. Mich hat damals der analoge Vertretungsplan total genervt, der immer in unserer Klasse aufgehängt wurde. Das wollte ich ändern, habe einen Businessplan geschrieben und mir überlegt, wie dieser Vertretungsplan am einfachsten digital zugänglich wäre. Und darin lag die zweite wichtige Erkenntnis: Ich wollte mich nicht nur fragen, was ich besser machen kann, sondern wollte das direkt umsetzen.

Damals hieß es recht schnell: Eine App kostet dich mehrere zehntausend Euro. Da hat es bei mir Klick gemacht: Programmierer sind total gefragt, das ist ein gut bezahlter Job. Außerdem hatte ich mir natürlich vorgestellt, dass es ganz easy wäre,

eine App zu programmieren, weil wir ja alle täglich welche benutzen. Ich wollte also unbedingt programmieren lernen. Denn alles, was ich verändern wollte, würde digital sein.

Ein abgebrochenes Informatikstudium und die Liebe zum Programmieren

Ich habe vier Semester lang Informatik studiert. Doch das Studium war ganz anders, als ich Programmieren vorher kennengelernt hatte. Ich hatte es immer als Gruppenaktivität wahrgenommen und viel Spaß daran gehabt, mir das mit Freunden gemeinsam beizubringen und vor allem auch neue Programmiersprachen zu entdecken und kennenzulernen. An der Uni musste man alles alleine machen. Man durfte nicht mit anderen zusammenarbeiten, das galt dann gleich als abschauen. Und wir lernten vor allem alte Programmiersprachen.

Ich machte dann ein Urlaubssemester, um mir die praktische Arbeit mal genauer anzuschauen. Dabei stieß ich auch auf ein Programm namens Rails Girls. Hier wird mit der Programmiersprache Ruby programmiert, ich hatte fünf Mentoren und habe als Junior Developer in einem echten Software-Unternehmen in Hamburg gearbeitet. Ich konnte mich mit Programmierern austauschen und an eigenen Projekten arbeiten, was alles extrem cool war. Danach war für mich klar: Die Arbeit ist klasse, aber das Studium ist einfach nichts für mich.

Tim Draper und das Silicon Valley

Ich stieß in der Facebook-Werbeleiste auf ein Stipendium der Draper-Universität. Für das Urlaubssemester bewarb ich mich und bekam tatsächlich ein Vollstipendium für Women in Tech über 10.000 Euro. Das hieß für mich: sieben Wochen Silicon Valley und sieben Wochen mit einem echt krassen Investor namens Tim Draper zu arbeiten, der schon ganz früh in Tesla und in PayPal investiert hatte. Klar interessiert mich die Technik total, aber eben auch das Unternehmerische. Das sind genau die zwei Bereiche, die ich in meinem Leben bespielen möchte.

Spezielle Förderungen für Frauen in der Tech-Welt

Ich habe mich schon recht früh kreuz und quer bei sehr vielen Konferenzen beworben. Dadurch konnte ich zum Beispiel zu einer Konferenz nach Seattle gehen. Vielleicht, weil ich eine Frau bin, aber vor allem, weil ich mein Interesse zeige und finde, Leistung sollte belohnt werden. Mit einem Diversity-Ticket alleine erreicht man ja niemals das Level, auf dem Männer in der Technikwelt sonst gefördert werden. Ich bin der Meinung, diese Förderung ist total wichtig, damit man auf diesen Konferenzen eben auch mehr Frauen sieht. Ich kann nur von meinen Erfahrungen sprechen, aber wenn es bei Tech-Konferenzen keine Diversity-Tickets gab, hieß das für mich, ich kann da nicht hingehen, denn die Tickets für die Konferenzen sind einfach unfassbar teuer. Daher ist eine Förderung, bei der man gezielt Frauen eine Teilnahme durch vergünstigte oder gesponserte Tickets erleichtert, ein wichtiger Schritt, damit es mehr von uns bei den Konferenzen gibt.

Überschriften, die Aya auf die Palme bringen

Etiketten wie »Mrs Code« und »schön nerdig« bekam ich eigentlich mit den ersten Artikeln. Dazu hatte man sich auch ungefragt ein Bild mit rotem Lippenstift von meinem Facebook-Account gezogen und geschrieben: »Diese Frau bricht alle stereotypes.« Auf die Anfrage der ZEIT für einen Artikel sagte ich gegenüber den Journalisten ausdrücklich, dass ich so reduziert nicht dargestellt werden möchte. Für mich ist das Programmieren nur eine Seite von meinen Interessen, und ich fühlte mich nicht wohl damit, als Expertin dargestellt zu werden. Ich habe gerade einmal die Hälfte meines Informatikstudiums absolviert – kudos, großes Lob an alle, die es komplett durchgezogen haben. Und obwohl das am Ende auch in dem ZEIT-Artikel erwähnt wurde, war die Überschrift dennoch »Mrs Code«. Die Kommentare waren entsprechend harsch, auch wenn mir das Ganze am Ende viele Türen geöffnet hat.

Schritt für Schritt zur eigenen Website

Eine eigene Website ist ein wichtiges Instrument für die Selbstständigkeit oder für eine eigene Firma. Der Weg dorthin muss aber nicht teuer oder kompliziert sein.

Eine Domain sichern

Als Erstes sollte man sich immer eine Domain sichern. Das kann man bei verschiedenen Anbietern tun. Dort prüft man, ob die Wunschdomain, also der spätere Name der Webseite, noch frei ist, und sichert sich die Seite mit der gewünschten Endung, also beispielsweise .de oder .com.

Dabei solltest du auf die Schreibweise achten. Wenn dein Firmenname zum Beispiel Umlaute beinhaltet oder aus mehreren Wörtern besteht, solltest du dir überlegen, wie das aussehen kann und soll.

Drei Domainanbieter mit guter Bewertung:

- **1&1:** www.1und1.de
- **Strato:** www.strato.de
- **Checkdomain:** www.checkdomain.de

„Ich bekomme wenig Anfragen über meine Website, aber sie ist mein Referenztool Nummer eins – für Kollegen, Headhunter, Kunden und jeden, der mich gut findet im beruflichen Kontext, sich aber vielleicht nicht ganz genau vorstellen kann, was aus diesem »gut« alles werden kann."

MAREN MERKEN | CONTENT CREATOR & STRATEGIST

Baukasten vs. Programmierer

Deine Webseite hat also schon einmal einen Namen. Gut, der erste Schritt ist getan! Jetzt musst du dich nur noch entscheiden, wie und mit welcher Hilfe du deine Seite gestalten möchtest. Dafür gibt es zwei Varianten:

Die Baukastenwebseite

Hier suchst du dir einen der zahlreichen Anbieter aus, die bereits vorgefertigte Websites und Designs anbieten.

Einige Anbieter verbinden für ihre kostenlose Version die eigene Domain mit dem Firmennamen. Achte hierbei darauf, dass sich das System direkt mit deiner Domain verknüpfen lässt, damit deine Webseite am Ende auch wirklich deinen Namen trägt und nicht der Name des Anbieters mit eingeflochten wird.

Schau dir die verschiedenen Anbieter für Website-Baukasten-Systeme an und auch die Designs, die sie zur Verfügung stellen. Überleg dir dabei gut, was du auf deiner Webseite alles machen möchtest. Wenn du zum Beispiel viel mit Bildern arbeitest, ist es wichtig, dass diese gut zur Geltung kommen.

Einige Anbieter von Baukastensystemen

- **Wordpress:** wordpress.com
- **Square Space:** squarespace.com
- **Jimdo:** jimdo.com
- **Strikingly:** www.strikingly.com

Wenn dein Projekt nicht riesig werden soll, reichen diese Baukastensysteme wie Wordpress oder Strikingly eigentlich aus. Die Systeme sind sehr einfach zu handhaben, und man kann wunderschöne Sachen damit machen.

Ayas Tipp: »Wenn man etwas Größeres auf die Beine stellen möchte, vor allem in Verbindung mit einem Webshop, würde ich kein Baukastensystem empfehlen, da man es nicht so flexibel anpassen kann. In diesem Fall ist es besser, sich eine Site von einem Webdesigner

»Für uns war immer klar, dass wir eine Agentur für unsere Website brauchen. Professionelle Hilfe, bei der wir zwar Geld in die Hand nehmen müssen, mit der es dann aber auch was wird. Die Agentur hat uns die Website und das Shopsystem gebaut. Leider stellt sich jetzt raus, dass man das nicht einfach warten und erweitern kann. Man braucht immer Hilfe vom Profi, was dann schnell sehr kostspielig wird. Im Nachhinein betrachtet, war das also eine Fehlentscheidung, weil wir uns zu wenig mit dem Thema beschäftigt haben und nicht richtig beraten wurden.«

STEFANIE SCHNELLHAMMER | KEKSLIEBE

oder Programmierer erstellen zu lassen. Alternativ kannst du dich beraten lassen, ob es ein Baukastensystem für die Art von Site oder Shop gibt, die du dir vorstellst.

Sobald das Ganze größer angelegt ist, vor allem mit vielen unterschiedlichen Produkten oder einer Datenbank im Hintergrund, kommt man mit Baukasten-Systemen rasch an seine Grenzen. Und wenn man dann am System etwas ändern muss, kostet das viel Zeit und Geld. Entscheidet man sich für die Zusammenarbeit mit einem Webdesigner oder Programmierer, sollte man sich die einzelnen Schritte und das Pro und Contra der verschiedenen Systeme erklären lassen.«

Pflege der Website: Muss man dafür selbst programmieren können?

Aya: »Für mich stand damals fest, dass ich etwas mit Technik machen wollte und selbst programmieren lernen musste. Das würde ich heute und für diesen Zweck niemandem empfehlen. Dennoch würde ich jedem Gründer raten zu verstehen, wie so eine Website funktioniert. Nur so kannst du einschätzen, was du von deinen Programmierern verlangen kannst und ob dein Wunsch einen Zeitaufwand von vier Stunden oder von zwei Wochen bedeutet. Einführungskurse sind da eine Möglichkeit, oder man beschäftigt sich einfach mal auf www.code.org damit. Es ist immer von Vorteil, ein gewisses Grundwissen zu haben.«

Welche Kenntnisse brauche ich?

Aya: HTML und CSS sind zwar keine Programmiersprachen, aber Grundkenntnisse darin sind auf jeden Fall sehr hilfreich, wenn es um eine Website geht. Java Script ist bei Websites ebenso wichtig. Meine Lieblingssprache ist Ruby, weil man damit einfache Sachen sehr schön umsetzen kann, aber auch Lösungen für komplexere Themen wie eine Datenbank findet. Ruby ist auch von der Syntax sehr gut für Anfänger geeignet. Besonders überzeugt mich natürlich, dass da eine richtig tolle Frauen-Community dahintersteckt, bei deren Tech-Konferenzen 50% Frauen und 50% Männer teilnehmen.

TIPPS

Deine Website sollte …

* **Eine Domainendung** ohne Fremdanbieter im Namen haben, also auf .de oder .com enden.

* **Für deine Zwecke gestaltet sein:** entweder leichte Bedienung, aber weniger Flexibilität mit einem Baukasten oder komplexere Inhalte und Hilfe von einem Programmierer oder Webdesigner.

* **Dir ermöglichen, kleine Änderungen selbst vorzunehmen** – wenn du für jede Kleinigkeit einen Programmierer benötigst, wird es schnell teuer!

* **Benutzerfreundlich sein:** Du solltest im Großen und Ganzen verstehen, was wo und wie auf deiner Website passiert.

A B
D
F
yes!
LA
power.
Hi
BON JOUR
LITTLE
c'est la vie
Tokyo
you are magique

KAPITEL 8

Der Look: Bildsprache, Logo & Design

In diesem Kapitel geht es darum, deiner Marke, deinem Produkt, deiner Webseite und deinen Social-Media-Kanälen eine persönliche Note zu verleihen – deinen ganz eigenen Look. Du lernst, wie du mit einem Moodboard Farben und Schriften auswählst, was bei einem Logo wichtig ist und wie du eine eigene Bildsprache für dich entwickeln kannst.

MIT

Julia White & Silke Voigtländer WIT & VOI ✱ Sue Hiepler & Yasmin Reddig MAY & BERRY ✱ Jules Villbrandt HERZ & BLUT

Ein Moodboard erstellen

„Ein Moodboard ist der erste Schritt im Designprozess und der allerschönste! Man lässt sich inspirieren, sammelt Ideen und Materialien und entwickelt daraus eine Farbwelt. Man überlegt sich: Was schafft ein Bild, was ergibt gemeinsam Sinn, welche Farben harmonieren, was passt gut zusammen, welche Elemente ergänzen sich? Viele machen das Moodboard ausschließlich digital, indem sie es in Photoshop zusammensetzen. Wir starten aber lieber damit, alles auszudrucken, auf dem Boden auszubreiten, hin- und herzuschieben und dann auf Kartons aufzukleben. Das funktioniert im Prinzip wie eine Collage."

DORINA HARTMANN & MAREN WILL | MARA MEA

Auch wenn du sonst nicht kreativ arbeitest und das letzte Mal in der Schule eine Collage zusammengestellt hast, gönn dir den Spaß und probiere es aus! Denn egal, ob es nun darum geht, in welcher Farbe du dein Café streichst, welche Schrift auf deine Visitenkarte kommt oder wie die Verpackung deines Produktes aussehen wird, das alles soll ja am Ende ein stimmiges Bild ergeben. Reiß dir einfach aus Zeitschriften Ideen heraus und mache kleine Skizzen, sammle Farbproben und klebe Stoffe auf. Mit einem Moodboard entwickelst du praktisch eine Welt um deine Idee, die dir hilft, einen einheitlichen Look zu kreieren.

Du kannst ein Moodboard auch ganz einfach digital mit Pinterest anfertigen. Hierfür erstellst du zunächst eine Pinnwand, die du bei Bedarf so einstellen kannst, dass nur du sie siehst. Dann suchst du nach verschiedenen Stichpunkten und pinnst Objekte, Farben,

Stoffe, Menschen und Momente an die Pinnwand, die zu dir und deiner Idee passen. Nach und nach ergibt sich ein spannendes Bild, eine eigene kleine Welt.

Kleiner Tipp: Wenn du noch nie mit Pinterest gearbeitet hast und dir unsicher bist, frag am besten eine Freundin, die gerade geheiratet hat. Wetten, dass sie sich eine Pinnwand mit Ideen für die Dekoration erstellt hat?

Digitale Tools, um ein Moodboard zu erstellen

- **Photoshop:** www.adobe.com/de/products/photoshop.html
- **Indesign:** www.adobe.com/de/products/indesign.html
- **Pinterest:** www.pinterest.de
- **Instagram:** www.instagram.com

„Die Inspiration für meine Schmuckstücke kommt jederzeit und in jeder Situation. Das können totale Alltagsmomente sein oder beim Durchblättern einer Zeitschrift, darum habe ich immer ein kleines Notizbuch dabei. Ich muss mir dann ganz schnell was aufzeichnen oder reiße mir, übers Jahr verteilt, Looks aus den Zeitschriften heraus. Wenn es im Frühjahr an das Entwerfen einer neuen Kollektion geht, sammle ich meine Abrisse, Zeichnungen usw. zusammen und mache mir daraus ein Moodboard. Auf Basis des Moodboards fertige ich dann die Zeichnungen an und gehe damit an die Werkbank.“

NINA KASTENS | SCHMUCKDESIGNERIN

wit & voi

> **„Wir haben rumgesponnen, und irgendwann in einer Bar, nach einigen Wodka-Shots, kam der Gedanke auf, anderen das Thema Interior näherzubringen."**

2015
Gründung wit & voi

Ein Feature bei Journelles, und die Lawine kommt ins Rollen

2016
Erste freie Mitarbeiter

2017
Nur gemeinsam stark: Julia wird Mama

Wachstum: ein deutschlandweites Interior-Team

Julia White und Silke Voigtländer von wit & voi sind absolute Profis in Sachen Moodboards. Nach einem Vorgespräch erstellen sie für jeden Kunden, der sich von ihnen beraten lässt, ein ganz individuelles Moodboard mit persönlichen Empfehlungen für sein Interior-Projekt.

Lust auf was Eigenes

Julia: Ich habe Architektur studiert und danach acht Jahre in New York im High-End-Luxury-Interiors-Bereich gearbeitet. Als ich mit meinem Freund nach Berlin ging, kam mir zum ersten Mal die Idee, etwas Eigenes aufzubauen. Kurz darauf habe ich Silke bei einem Job getroffen. Wir haben rumgesponnen, und irgendwann in einer Bar, nach einigen Wodka-Shots, kam der Gedanke auf, anderen das Thema Interior näherzubringen.

Der Hintergrund war folgender: Viele unserer Freunde haben uns immer wieder gefragt, wo sie denn besondere Einzelstücke finden, zum Beispiel eine spezielle Lampe oder ein gemütliches Sofa. Das Konzept unserer Firma gibt es sowohl in den USA als auch in England bereits länger und ist da sehr erfolgreich.

Man versucht, Interior Design Menschen, die sich einen solchen Service sonst nicht leisten würden, näherzubringen und für sie bezahlbar zu machen. Die Idee zu wit & voi war geboren.

> **„Wir saßen auf dem Sofa, während die Anfragen vom ZEIT-Magazin, von der Couch und der Cosmopolitan reinflatterten. Wir konnten es selbst kaum glauben und freuten uns einfach wahnsinnig."**

Ein Moodboard, das Zusammenstellen von Farben, Materialien und Texturen, ist der erste Schritt im kreativen Prozess.

Expertise, Moodboards & neue Ideen

Viele Kunden nutzen unser Kennenlern-Angebot. Dafür beantworten sie zunächst online einen Fragebogen, aus dem wir eine Ideenkollage entwickeln. In dem Fragebogen geht es zum Beispiel um verschiedene Einrichtungsstile, Materialien, Farben und Stoffe. Wir treffen uns dann persönlich mit den Kunden, in der Regel bei ihnen zu Hause oder in den Räumen, die gestaltet werden sollen. Das ist das einzige persönliche Treffen und dementsprechend sehr, sehr wichtig, um unser Konzept zu erklären und auch die Angst vor versteckten Kosten zu nehmen. Diese erste Beratungsstunde kostet aktuell 49 Euro. Dafür bekommt man eine Ideenkollage, basierend auf dem Fragebogen, den der Kunde ausgefüllt hat, und unseren Hausbesuch. Im nächsten Schritt entwickeln wir für den Kunden ein Konzept mit einem Moodboard und einer Einkaufsliste mit konkreten Vorschlägen sowie Online-Links. So kann er die ausgewählten Produkte ganz einfach selbst einkaufen. Der Kunde bekommt von uns die Expertise und die Vorschläge, aber ob er die Sachen dann genauso kaufen möchte, bleibt komplett ihm selbst überlassen. Unser Grundkonzept ist es, das Ganze bezahlbar zu halten, weshalb die Kunden die

Sachen selbst und in ihrem Tempo bestellen können. Wir nehmen uns bei dem Schritt raus, denn genau dieser Bestellprozess macht die Leistung eines Interior Designers normalerweise recht teuer.

Ein kleines Highlight war, dass wir ein Pop-up-Büro für Fjord, eine Agentur für digitale Services und Produkte in Zürich, umgesetzt haben. Das war als Idee superspannend, weil man zwar Pop-up-Restaurants und Pop-up-Stores kennt, aber ein Pop-up-Büro war eine wirklich neue Idee. Für diese haben wir dann den ganzen Prozess inklusive Bestellung umgesetzt. Wenn es der Kunde wünscht, sind wir da natürlich total offen.

Ein Fünkchen Glück

Unser erster Pressekontakt war Tine Fleischer von Journelles. Das war einer jener Glücksgriffe, die man braucht, wenn man sich selbstständig macht. Ein alter Schulfreund von Julia stellte den Kontakt zu Tine Fleischer her, weil er von unseren Plänen erfahren hatte und Tine ja auch »irgendwas mit Interior Design« zu tun hat. Wir schrieben ihr und stellten unsere Idee und Webseite vor. Sie war direkt begeistert, stellte nur noch ein paar Fragen, und der Artikel schlug ein wie eine Bombe. Wir saßen auf dem Sofa, während die Anfragen vom ZEIT-Magazin, von der Couch und der Cosmopolitan reinflatterten – und eben auch unsere ersten fünf Kunden. Wir konnten es selbst kaum glauben und freuten uns einfach wahnsinnig!

Selbstbewusstsein & Learnings

Wir machten uns am Anfang viel zu viel Sorgen um Kleinigkeiten, obwohl man sich gerade dann nicht so leicht aus der Ruhe bringen lassen sollte. Wenn ein Kunde kurzfristig abspringt oder wir etwas

nicht rechtzeitig fertig bekommen, dann ist das eben so und nicht zu ändern. Davon geht aber weder die Welt unter, noch ist das Geschäft direkt am Ende.

Wir mussten auch erst lernen, uns zu vertrauen und uns selbst als Experten zu sehen. Da hätten wir uns das ein oder andere Mal gerne eine Scheibe von den Männern abgeschnitten. Einfach selbstbewusst in einen Raum zu kommen und zu sagen: So und so machen wir das. Aber das erarbeiten wir uns gerade und sind heute schon viel selbstsicherer, als wir das am Anfang waren. Dabei hilft natürlich auch das sehr gute Kundenfeedback, das wir immer wieder bekommen.

Wachstum und ein Team aus Designern

Irgendwann merkten wir, dass wir kaum noch dazukamen, unser Produkt weiterzuentwickeln, weil zwischen Kunden, Social Media und Co gar keine Zeit mehr blieb. Wir wollten aber nicht, dass irgendetwas darunter leidet, und daher war die logische Konsequenz, uns Unterstützung zu suchen.

Ganz am Anfang haben wir beide alle Projekte selbst betreut. Wir mussten ja auch erst mal die Abläufe festlegen und Richtlinien finden: Wie viele Seiten hat ein Moodboard? Wie lang ist die Präsentation? Was müssen wir bei den Hausbesuchen beachten? Wie visualisieren wir das Ganze für den Kunden?

Nach etwa einem Jahr holten wir die erste externe Designerin als freie Mitarbeiterin ins Team. Das war eine Freundin von uns, mit der wir eruierten, welche Prozesse etabliert sein müssen, welche Fragen auftauchen und welche Unterstützung von unserer Seite benötigt wird. Danach suchten wir ganz gezielt nach Designern in verschiedenen deutschen Großstädten. Dabei war uns wichtig, dass die Leute fachlich stark sind und ihren Job beherrschen. Aber es muss eben auch menschlich passen. Da die Designerin für den Kunden das Gesicht unserer Firma ist, braucht sie eine herzliche Art, muss sich ausdrücken können und gut mit den Kunden umgehen. Für uns war diese Expansion genau der richtige Schritt im richtigen Moment.

Ein eigenes Logo / Design

Je nachdem, womit du dich selbstständig machst, steht ein eigenes Logo wahrscheinlich ziemlich weit oben auf deiner Prioritätenliste. Das Logo ist schließlich ein wichtiger Teil deines Außenauftritts. Darum sollte es wohlüberlegt sein und dein Unternehmen und dich ideal widerspiegeln.

Bevor es an die konkrete Umsetzung geht, solltest du also gut überlegen, was dein Logo aussagen soll und in welcher »Welt« du dich damit verorten willst. Möchtest du beispielsweise skandinavische Mode verkaufen, sollte dein Logo cleaner ausfallen, als wenn du einen Vintage-Shop betreibst.

Schreibe deinen Namen oder den deiner Firma auf ein Blatt Papier. Notiere dann die ersten fünf Adjektive, die dir zu deiner Marke einfallen. Mal angenommen, du startest eine Firma für Softeis. Dann sind die ersten Wörter vielleicht erfrischend luftig und leicht. In deinem Logo solltest du also keine »schwere« Schrift verwenden.

TIPPS ZUM LOGO-DESIGN

Das solltest du dir für dein Logo überlegen

Welche Botschaft möchte ich damit transportieren?

Welches Gefühl, welche Adjektive verbinde ich mit meiner Marke?

Welche Logos von anderen gefallen mir und warum?

Wie viel Schrift soll in mein Logo?

Wie wandelbar muss das Logo sein, brauche ich es z.B. in verschiedenen Größen oder Formen?

Muss es auch im Schwarz-Weiß-Ausdruck ohne große Verluste funktionieren?

Sollte das Logo in verschiedenen Größen angelegt sein, je nachdem, wofür es verwendet wird?

„Ein Logo sollte zeitlos und trotzdem modern sein. Gut ist auch, wenn Abwandlungen möglich sind. Bei uns lassen wir z.B. manchmal den Kreis weg oder das DESIGN unter unserem Namen. Für Internetseiten, Visitenkarten oder Hangtags gibt es oft andere Anforderungen an das Logo, die im Vorhinein beachtet werden sollten."

EMMA & MAILLE | DESIGNTEAM

„Wir haben uns einfach mal mit Feder und Tinte ins Wohnzimmer gesetzt und gezeichnet und ausprobiert. Dabei fiel schnell auf, dass das M in einem Logo klein geschrieben einfach flüssiger aussieht. Damit stand fest, dass wir mara mea kleinschreiben werden."

DORINA HARTMANN & MAREN WILL | MARA MEA

„Für uns war das Logo immer klar: Wir wollten ein Herz mit einer abgebissenen Keksecke. Und so sind wir dann zu unserer Agentur gegangen: Das ist der Name, das ist unser Logo, wir brauchen eine CI und eine Verpackung und eine Webseite. Macht mal. Nur haben die dann leider gesagt: Das Logo geht gar nicht, das sieht aus wie das Design von Apple. Es hat die Agentur viel Überzeugungsarbeit gekostet, bis wir dann unser Logo mit dem Schneebesen hatten – wir mussten die Idee erst mal loslassen."

STEFANIE SCHNELLHAMMER | KEKSLIEBE

MACHERINNEN

May & Berry

> **„Es muss am Anfang nicht alles perfekt sein! Wichtig war nur, mit unserer Idee rausgehen zu können. Wir mussten ja auch erst mal herausfinden, ob unser Konzept überhaupt funktioniert."**

2016
Erste gemeinsame Workshops

2017
Ein eigenes Studio!

Besuch vom WDR

Die Marke May & Berry wächst

2018
Das zweite Buch erscheint

Während Yasmin Reddig mit Letterings die Buchstaben vorgibt, sorgt Sue Hiepler bei May & Berry mit wunderschönen Watercolors für die passende Untermalung.

Watercolor & Letterings

Yasmin: Wir haben uns bei einem Design-Markt kennengelernt. Ich gab damals schon eigene Lettering-Workshops und Sue verkaufte ihre Designs auf Märkten. Knapp ein Jahr nach unserem Kennenlernen veranstalteten wir im September unseren ersten Workshop zusammen. Sues Illustrationen mit Watercolor und meine eher zarten Letterings passen gut zusammen, und wir hatten Lust, uns mit unseren gemeinsamen Workshops selbstständig zu machen. Dies war aber nur möglich, wenn wir eine geeignete Location fanden.

Die passende Location

Sue: Meiner Oma gehören das Haus und die Werkstatt, in der sich unser heutiges Studio befindet. Sie entschied sich 2017, die Werkstatt zu vermieten, und als ich sie mir in dem Zuge noch einmal ansah, wusste ich sofort: Das ist die perfekte Location für uns! Es gab ein Lager, eine Toilette, einen extra Raum für die Workshops. Ich erzählte also meiner Oma von der Idee, und sie war total begeistert. Sie bot uns als kleine Starthilfe an, dass wir in der ers-

ten Zeit keine Miete, sondern nur die Nebenkosten zahlen sollten. Es ist gerade am Anfang ein Riesenunterschied, ob man jeden Monat 500 Euro oder 2.000 Euro Miete erwirtschaften muss. Damit war für uns beide klar: Wir machen das jetzt!

Wir wollten im Studio gerne den vorhandenen Industrial Style mit Kupferrohren beibehalten, um das Handwerkliche unserer Arbeit zu unterstreichen. Sonst ist alles weiß gehalten, damit so viel Licht wie möglich reinkommt. Dazu als Kontrast Rosa und Mint aus unserem Logo, das macht es filigraner und weiblicher. So spiegelt das Studio unsere Arbeit gut wider: Wir arbeiten hart, aber was am Ende rauskommt, sieht nach Leichtigkeit aus.

Es geht los!

Wir hatten beide vorher schon ein Kleingewerbe, sodass wir uns zunächst die Teilnehmerzahl der Workshops aufteilten und jede Rechnungen für eine Hälfte schrieb. Bis wir für May & Berry schließlich eine GbR gründeten.

Wir hatten uns durch die vorigen Workshops einen Puffer von 10.000 Euro angespart, den wir für die Renovierung und Einrichtung des Studios nutzten. Dabei sollte man sich immer wieder sagen: Es muss am Anfang nicht alles perfekt sein! Wichtig war nur, mit unserer Idee rausgehen zu können. Wir mussten ja auch erst mal herausfinden, ob unser Konzept überhaupt funktioniert. Mehr Geld investieren konnten wir danach immer noch.

Künstler & Agentur

May & Berry besteht aus verschiedenen Säulen. Zum einen werden wir gebucht, um Workshops für Firmen zu geben. Zum anderen haben wir unsere eigenen Workshops. Davon abgesehen, werden wir für Events engagiert, damit wir dort zum Beispiel für Blogger live Illustrationen anfertigen. Außerdem erstellen wir Auftragsarbeiten für Firmen. Und last but not least haben wir unseren Onlineshop und unsere Bücher.

Wir wollten uns auf keinen Fall auf eine Sache festlegen, sondern unsere Ressourcen perfekt nutzen. Wir geben in denselben Räumen unsere Workshops, in denen wir auch Aufträge für Kunden umsetzen. Die Produkte, die wir für den Onlineshop drucken, verwenden wir teilweise auch als Goodies für unsere Workshop-Teilnehmer. Dass auf diese Weise alles ineinandergreift, war uns sehr wichtig. So kommen wir nicht in die Bredouille, dass unser Geschäftsmodell irgendwann nicht mehr funktioniert.

Instagram & Mund-zu-Mund-Propaganda

Für unsere Workshops ist es natürlich wichtig, dass viele Menschen von uns und unserer Arbeit erfahren. Die meisten Follower haben wir auf Instagram, ein Kanal, dem wir viel Aufmerksamkeit schenken und den wir gut pflegen. Außerdem spielt Mund-zu-Mund-Propaganda hier eine große Rolle. PR ist natürlich ebenfalls ein wichtiges Thema. Letztes Jahr war zum Beispiel der WDR bei uns im Studio und hat einen schönen Beitrag über uns gedreht. Darüber sind auf jeden Fall einige neue Kunden dazugekommen.

Auch durch die Veröffentlichung unseres ersten Buches sind viele auf unsere Kurse aufmerksam geworden. Insgesamt hat ja fast jeder Auftrag wieder einen neuen zur Folge, aber unser Buch hat wirklich enorm geholfen, um uns und unsere Arbeit auch bei Firmen bekannter zu machen.

Bildsprache

Ob auf deiner Webseite, für deine Social-Media-Kanäle oder deine PR-Arbeit – um dich und deine Idee richtig zu präsentieren, brauchst du passendes Bildmaterial. Wir zeigen dir, wie du deine Idee und dein Produkt auch auf Fotos so umsetzt, dass sie zu dem Rest deines Moodboards und deiner Marke passen. Ob du die Bilder selbst machen möchtest oder einen Fotografen dafür beauftragst, ist natürlich dir überlassen. Wichtig ist aber, dass du eine genaue Vorstellung vom Ergebnis hast!

So entwickelst du deine Bildsprache

Um eine Bildsprache zu entwickeln, musst du dir über ein paar Faktoren klar werden. Dabei hilft dir dein Moodboard, mit dem du schon viele Ideen gesammelt hast. Bestenfalls hast du eine möglichst genaue Vorstellung, wie deine Bilder am Ende aussehen sollen, sodass du dich Stück für Stück herantasten kannst.

Was ist deine Farbwelt?

Wenn das Moodboard, das du für deine Idee erstellt hast, viele Pastellfarben und Weiß enthält, wirst du sicherlich helle Fotos bevorzugen, um diese Farbwelt auch ideal in deinem Bildmaterial rüberzubringen. Ist dein Moodboard eher dunkel und stimmungsvoll, werden Fotos in gedeckten Tönen diese Stimmung am besten einfangen. Dies kannst du zum Beispiel durch die Wahl des Unter- oder Hintergrundes deines Bildes steuern.

Halte dich bei der Auswahl der Untergründe (z.B. eine weiße, glatte Oberfläche im Gegensatz zu einem alten, dunklen Holztisch) und der Hintergründe (z.B. eine mintgrüne im Gegensatz zu einer dunkelgrünen Wand) an deine eigenen Vorgaben aus dem Moodboard. So erreichst du das Ergebnis, das du dir vorgestellt hast.

Wer oder was ist auf den Bildern zu sehen?
Möchtest du, dass Menschen auf deinen Bildern zu sehen sind, oder sollen sie lieber als Stillleben fotografiert werden? Viele Produkte kann man als so genanntes Still in Szene setzen. Eine tolle Zwischenlösung ist es, nur Hände oder Arme zu zeigen – das kann von oben fotografiert auch sehr lebendig wirken.

Outdoor oder Indoor? Überleg dir, ob du deine Bilder in einem Studio oder einer Wohnung fotografieren möchtest oder ob du eine Outdoor-Location bevorzugst. Wenn du nach draußen gehst, schau vorab, was du dir vorstellst und wo dies umgesetzt werden kann. Location-Scouting nennt sich diese Vorbereitung. Sie macht Spaß, und du hast den Vorteil, dass du die Umgebung und Möglichkeiten vor Ort bereits gut kennst. Ein Nachteil an Outdoor-Shootings ist dagegen die Abhängigkeit vom Wetter, sodass du bestenfalls einen Plan B für Regen in der Tasche haben solltest.

Freisteller nicht vergessen! Bei Produktfotos denk auch immer daran, die Gegenstände als Freisteller zu fotografieren. Dafür lichtest du sie vor einem ruhigen, weißen Hintergrund ab und bearbeitest sie anschließend entsprechend (»stellst sie frei«). Diese Sorte Bilder brauchst du zum Beispiel für einen Onlineshop, aber auch für die Pressearbeit. Denn nur, wenn du diese Bilder mitlieferst, können die Redaktionen deine Produkte in ihre Collagen und Empfehlungen aufnehmen.

FOTO-TIPPS VON OUR FOOD STORIES

Professionelle Fotos, ohne ein Vermögen auszugeben

Our Food Stories gehört mit fast einer Million Followern auf Instagram zu den erfolgreichsten Food-Accounts in Deutschland. Hinter den wunderschönen Bildern stecken die Berliner Fotografin Laura Muthesius und Nora Eisermann, die für die Entwicklung und das Styling der kulinarischen Köstlichkeiten verantwortlich ist.
www.ourfoodstories.com

* **Equipment:** Man darf sich da nicht verrückt machen lassen. Wir haben auch nicht mit einer Vollformatkamera angefangen. Bei Instagram kann man mit einer tollen Handykamera und ein wenig Nachbearbeitung gute Ergebnisse erzielen. Außerdem kann man sich Fotoequipment wie Kameras auch einfach mal für einen Tag ausleihen.

* **Eigenes Know-how vergrößern:** Es gibt tolle Fotografie-Workshops, in denen man superviel lernt. Das reicht als Basis oft aus, um erst einmal loslegen zu können.

* **Budget einplanen:** Auch als kleine Marke sollte man sich von vornherein einen Businessplan machen und ein Budget für Fotografie einkalkulieren. Social Media und Webseiten sind einfach so wichtige Kanäle geworden, dass man sonst am falschen Ende spart.

* **Inspirieren lassen:** Schau dir die Instagram-Kanäle und Pinterest-Boards anderer Brands an und lass dich inspirieren, wie diese ihre Bilder umgesetzt haben. Was gefällt dir gut? Welche Stimmung passt zu dir? Sollen Menschen mit auf den Bildern sein, oder soll alles eher clean sein? Je mehr man darüber weiß, was man möchte, desto besser wird das Ergebnis.

* **Hand anlegen:** Mach am besten verschiedene Varianten von jedem Set-up, lass zum Beispiel aus verschiedenen Blickwinkeln fotografieren oder statt dem ganzen Kuchen nur ein Stück. Wir versuchen auch immer so viel wie möglich aus einem Shooting herauszuholen, sodass wir die Bilder möglichst oft verwenden können.

✱ *Im Spotlight*: Licht ist ein ganz wichtiges Thema, denn es verändert die Stimmung eines Bildes enorm. Wir arbeiten zum Beispiel nur mit natürlichem Licht. Man kann aber auch mit künstlichem Licht tolle Ergebnisse erzielen.

✱ *Einfach machen*: Nur so lernt man und entwickelt sich weiter.

NÜTZLICHE APPS & PROGRAMME

Apps zur Inspiration ✱ Pinterest ✱ Instagram

Apps zum Bearbeiten der Bilder mit dem Smartphone
✱ VSCO ✱ Snapseet

Fotoprogramme auf dem Rechner ✱ Photoshop ✱ Lightroom

MACHERIN

Jules Villbrandt

> **„Das Gefühl, »ertappt zu werden«, weil man etwas nicht so macht, wie es »richtig ist« oder die anderen es machen, kenne ich nur allzu gut. Ich trickse nämlich ganz viel. Manche Sachen weiß ich einfach nicht. Aber ich weiß mir immer zu helfen!"**

2015
Sprung in die Selbstständigkeit

2016
Schwester Maria wird Teil des Herz & Blut-Teams

2017
Maison Palmé: ein eigenes Studio

Herz & Blut wird Partner der Architectural Digest

2018
Größeres Studio und große Pläne

Jules Villbrandt begeistert mit ihrem Blog Herz & Blut knapp 100.000 Menschen auf Instagram. Ihre Homestorys wurden in so ziemlich allen namhaften Magazinen in Deutschland gedruckt, und sie hat, gemeinsam mit der Autorin Janine Dudenhöffer, den Mama Style Guide kreativ umgesetzt. Wenn sich jemand mit Fotos auskennt, dann Jules.

Mamablog und Schmuckverkäufe

Ich bin sehr früh, mit 22 und während meines Studiums, Mama geworden. Und da es mir immer sehr wichtig war, selbstständig für mich sorgen zu können, arbeitete ich neben dem Studium und mit kleinem Baby Teilzeit im Einzelhandel. Ich habe also früh gelernt, mit Doppelbelastungen und viel Arbeit klarzukommen und mich gut zu organisieren.

Während des Studiums fing ich außerdem an, Schmuck selbst zu machen und auf dem Flohmarkt im Mauerpark zu verkaufen. Das lief richtig gut, und ich überlegte, dass es ja schön wäre, wenn die Leute noch mehr über den Schmuck und seine Hintergründe erfahren könnten. Damals fing es gerade mit Instagram an, sodass ich mir eben auch einen Account zulegte, den Schmuck fotografierte und ein bisschen dazu schrieb.

Ich besaß zu dieser Zeit eine ganz einfache Spiegelreflexkamera, die ich mir zur Geburt meines Sohnes Justus gekauft hatte.

Zunächst hatte ich also einen Mama-Personal-Blog und den Instagram-Kanal. Den Blog hat zu der Zeit noch niemand gelesen, aber ich hatte einen Ort, wo ich mich ausprobieren konnte.

Ab in die Selbstständigkeit

Neben meinem Job im Einzelhandel habe ich immer schon Menschen, Porträts und Street Styles fotografiert – für andere und für meinen eigenen Blog. Irgendwann kamen dann auch die ersten Anfragen für Sponsored Posts und bezahlte Link-Einbindungen dazu. Das waren damals Beträge um die 50 Euro für einen Post, aber ich habe mich total gefreut und war stolz, mit meinem Blog Geld zu verdienen.

Für meine erste richtige Auftragsarbeit bekam ich eine Anfrage, ob ich das Styling eines Events übernehmen möchte. Das war für mich wie eine Initialzündung. Mir wurde plötzlich klar, dass es Leute gibt, die wirklich sehen und verstehen, was ich da mache. Daraufhin habe ich gekündigt und mich erst einmal arbeitslos gemeldet.

Ich hatte ganz viele Pläne, was ich in der freien Zeit alles schaffen, wie gründlich ich meine Wohnung ausmisten und mein Leben neu gestalten wollte. Tatsächlich ist heute weder meine Wohnung ausgemistet, noch war ich jeden Tag beim Sport.

Stattdessen ging auf einmal alles ganz schnell. Die frei gewordene Zeit hat so viel Energie freigesetzt, dass die Anfragen und Jobs immer mehr und mehr wurden.

Autodidakt

Alles was ich kann, habe ich mir selbst beigebracht. Wenn mich zu dieser Zeit jemand nach meinem Beruf gefragt hat, antwortete ich immer: »Ich arbeite als Fotografin, aber ich habe es nicht gelernt.« Eine liebe Freundin, eine gelernte Fotografin hat mir dann mal den Kopf gewaschen und gesagt: »Jules, du machst Fotos wie eine Fotografin, also bist du eine Fotografin.« Das hat auf jeden Fall geholfen.

Die ersten zwei Jahre habe ich eigentlich nur im Automatik-Modus fotografiert. Ich hatte gar keine Ahnung, was ich da an Technik und Möglichkeiten in der Hand hatte. Bis heute bin ich noch kein Mega-Technikfreak, aber ich habe mit der Zeit mein Auge trainiert: Was ist der Fokus, der Mittelpunkt meines Bildes? Welche Geschichte möchte ich erzählen? Das ist für mich der wichtigste Faktor für ein gelungenes Bild. Es sollen eine Stimmung und ein Gefühl mitschwingen. Das Bild soll mehr erzählen, als darauf zu sehen ist.

Der eigene Style

Das Gefühl, »ertappt zu werden«, weil man etwas nicht so macht, wie es »richtig ist« oder die anderen es machen, kenne ich nur allzu gut. Ich trickse nämlich ganz viel. Manche Sachen weiß ich einfach nicht. Aber ich weiß mir immer zu helfen oder ich weiß, wie man es in Photoshop wieder geradebiegt.

Bestimmte Merkmale meiner Bilder sind so irgendwann zu meinem Markenzeichen, meinem eigenen Stil geworden. Besonders bei Homestorys ist es meine Art, einen starken Fokus zu setzen und das Auge zu lenken. Diesen Stil benutzen mittlerweile auch andere Fotografen, aber früher wurden Homestorys nie so fotografiert. Es war immer alles scharf und schön ausgeleuchtet.

Ich arbeite dagegen generell mit natürlichem Licht. Wieder so ein Trick: Ich kann nämlich gar kein Dreipunktlicht setzen, also benutze ich einfach das, was da ist. Damit komme ich sehr gut klar. Und so habe ich aus meinen Defiziten meinen Stil entwickelt.

Maison Palmé, und das Team wächst

Seit Oktober 2016 unterstützt mich meine Schwester. Ich habe damals schon Tag und Nacht gearbeitet und brauchte dringend Hilfe. Ich hab ja auch noch eine Familie, die mich mal sehen möchte. Außerdem ist mein Job supervielfältig. Neben der Fotografie und dem Blog übernehme ich auch Stylings und richte Events aus, produziere Content für andere und so weiter. Das ist für einen alleine kaum zu schaffen. Die Fotos allerdings sind nach wie vor immer von mir. Das ist mir wichtig, weil ich einen sehr hohen Anspruch habe. Inzwischen sind wir zu dritt und haben unser Studio Maison Palmé zu einer Art Produktionsfirma ausgebaut. Ein wenig unternehmerischer Mut gehört eben auch zur Selbststän-

digkeit dazu. Wenn man in Menschen, Zeit und Know-how investiert, eröffnen sich auch immer wieder andere Projekte und neue Möglichkeiten.

#BildetBanden

Ich glaube wirklich, dass das Geld auf der Straße liegt und man es einfach nur mit guten Ideen einsammeln muss. Aber man muss natürlich auch einiges dafür tun, diese Ideen umsetzen zu können und zu dürfen.

Unsere Branche funktioniert komplett über Vitamin B. Man muss also auf Events gehen, sich zeigen, sich in Erinnerung rufen. Am Ende überzeugt man natürlich mit guter Arbeit, aber am Anfang geht es immer darum, wer dich und deine Arbeit zur richtigen Zeit weiterempfiehlt.

Netzwerke mit Leuten, auf die man sich immer verlassen kann, sind ein echter Erfolgsgarant. Wenn man es schafft, sich eine solche Basis aufzubauen, mit der man gemeinsam wachsen und groß werden kann, ist das schon die halbe Miete!

JULES' TIPPS FÜR TOLLE BILDER

Hab keine Scheu davor, dich auf Plattformen wie Pinterest oder Instagram inspirieren zu lassen. Es wird am Ende nie das gleiche Bild sein, aber man kann auf diese Weise besonders am Anfang sehr viel lernen.

Geh mit offenen Augen durch die Welt. Ich habe mir zum Beispiel immer viele Kunstbücher angeschaut und mir auch so ein Auge fürs Künstlerische angeeignet.

Die »Fotobrille«: Wenn ich einen neuen Raum betrete, schaue ich immer ganz automatisch, was schöne Motive oder Ecken für Bilder wären. Auch das schult das Auge ungemein.

Die Technik und das Fotografieren an sich sind erlernbar. Das Gefühl und das Auge für ein Bild muss man allerdings mitbringen, auch wenn man sie noch weiter trainieren kann. Also nur Mut und einfach mal machen!

WLAN
14:12
Instagram
3.020
32 Tsd.

KAPITEL 9

You know me? Die Macht von PR & Marketing

Ob als kleines Unternehmen, als vielversprechendes Start-up oder als Freiberufler, wir alle müssen in irgendeiner Form für uns selbst werben. In Zeiten von Social Media ist dies einfacher, aber auch umfangreicher geworden als jemals zuvor. Wann du eine PR-Agentur brauchst, was es mit Influencern auf sich hat und wie du die verschiedenen Möglichkeiten für dich und deine Idee am besten nutzen kannst, darum geht es in diesem Kapitel.

MIT

Nina Kastens SCHMUCKDESIGNERIN * Laura Muthesius & Nora Eisermann

OUR FOOD STORIES

Public Relations

In der Selbstständigkeit gilt eine ganz einfache Regel: Wenn dich und deine Idee niemand kennt, wird sich auch niemand dafür interessieren. In den meisten Fällen steht kein Team an Marketing-Spezialisten hinter dir, um diese Tatsache zu ändern. Stattdessen bist du deine eigene PR-Abteilung, dein Marketingchef und vor allem: dein Aushängeschild. Zuallererst solltest du also überlegen, was du selbst tun kannst, um deine Ideen in die Welt hinauszutragen. Eine gute Möglichkeit dafür sind die sozialen Medien. Du kannst aber auch einen Newsletter einrichten oder verschiedene Magazine und Blogs zu PR-Zwecken anschreiben.

Ab einem gewissen Punkt macht es jedoch Sinn, sich dafür Profis mit ins Boot zu holen. Eine Möglichkeit ist es, eine PR-Agentur zu engagieren, die dann mithilfe von Pressetexten und ihren Kontakten dafür sorgt, dich und deine Marke in irgendeiner Form in die Medien zu bringen. Wird man in einem zielgruppenrelevanten Medium platziert, kann das zu einer verstärkten Brand Awareness, also Aufmerksamkeit für die eigene Marke, führen und sich auch ganz deutlich in den Verkäufen niederschlagen.

„Für mich war PR von Anfang an ein wichtiges Thema. Nach einem halben Jahr habe ich mich entschieden, mit einer PR-Beraterin zusammenzuarbeiten, die sich auch gerade selbstständig gemacht hatte. Wir haben mit einem kleinen Budget angefangen und sind dann gemeinsam gewachsen. Und wir hatten schnell Erfolg damit. Nach einer Veröffentlichung in der Zeitschrift Brigitte hat sich ein Paar Ohrringe wie wild verkauft, und ich bin mit der Produktion gar nicht mehr hinterhergekommen."

NINA KASTENS | SCHMUCKDESIGNERIN

So wie bei Nina kann es laufen, muss es aber nicht. PR ist kein klassischer Sales-Kanal, und entsprechende Maßnahmen lassen sich nur schwer an Verkaufszahlen oder Aufträgen messen. Vielmehr geht es darum, dich und deine Idee in die Köpfe der Menschen zu bringen. Das kann dann viel später zu einem großen Auftrag führen oder dazu, dass jemand auf dich aufmerksam wird, der sonst nie von dir gehört hätte. PR ist also dazu da, deinen Bekanntheitsgrad zu erhöhen.

TIPPS FÜR EINEN EINSTIEG IN DIE PR

Überleg dir genau, was du möchtest, und geh dann ganz gezielt mit einer Anfrage und deinem Wunschbudget auf eine Agentur zu.

Schau dich auch mal nach Freelancern oder freien PR-Beratern um. Die sind oft ein wenig günstiger, verfügen aber über genauso gute Kontakte. Eine hilfreiche Auswahl findest du zum Beispiel auf ✱ **www.das-auge.de.**

Kümmere dich um geeignetes Pressematerial: Gute Bilder und Presseinformationen sind das A und O. Je mehr du selbst vorbereitest, je eher kommt dir die Agentur mit dem Preis entgegen.

Hole unterschiedliche Angebote ein und vergleiche sie. Zehn Pressemitteilungen hintereinander rauszuschicken ist nicht unbedingt besser, als fünf gute Geschichten persönlich anzubieten.

Spezialisierungen beachten: Am besten suchst du dir jemanden, der bereits ähnliche Marken wie deine betreut – umso besser sind in der Regel auch die persönlichen Kontakte zur entsprechenden (Fach-)Presse.

MACHERIN

Nina Kastens

> **"Wenn ich sehe, dass Stars wie Emma Watson oder Cara Delevingne meine Sachen auf dem roten Teppich tragen, macht mich das sehr stolz. Heute schicke ich zum Beispiel Ohrringe für Amal Clooney raus. Das ist schon ganz cool!"**

2014
Gründung

2015
Erste PR-Veröffentlichung

Erste Ordermesse

2016
Erster Vogue Modesalon

2017
LOUSIAVIAROMA-Listung

2017
Eigenes Studio mit Werkstatt

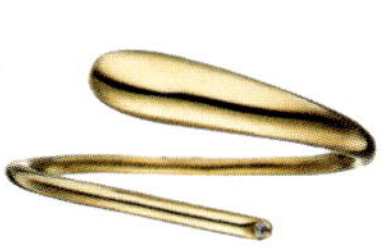

Nina Kastens fertigt in ihrer Hamburger Werkstatt einzigartige Schmuckstücke, die es bereits auf die roten Teppiche dieser Welt geschafft haben. Emma Watson und Cara Delevingne, aber auch die deutsche Instagram-Größe Caro Daur lieben ihre Stücke.

New York, New York!

Ich fing als Ausgleich zu meinem BWL-Studium mit Goldschmiedekursen an der Volkshochschule an – erst einmal nur als Hobby und für mich selbst. Eine Freundin, die ich sehr lange nicht mehr gesehen hatte, sprach mich dann aber sofort begeistert auf den Schmuck an. Sie konnte gar nicht glauben, dass ich ihn selbst gemacht hatte. Das war ein echtes Aha-Erlebnis für mich und hat mich wahnsinnig gefreut und bestätigt, da ich im Goldschmieden eine echte Passion gefunden hatte. So entstand der Wunsch, das noch mehr zu lernen. Den Ring, den ich damals gefertigt habe, verkaufe ich tatsächlich auch heute noch.

Ich hatte ja schon sieben Jahre studiert und wollte nach dem Master nicht noch eine dreijährige Ausbildung zur Goldschmiedin machen, also suchte ich nach Kursen im Ausland. Ich entschied mich aufgrund der Sprache für die USA und New York. Dort war ich erst sechs Monate auf einer staatlichen Goldschmiedeschule und dann noch

Handgefertigte Ohrringe aus der »The Face«- Kollektion von Nina Kastens.

einige Monate auf einer privaten Schule, wo ich gelernt habe, mit Echtgold zu arbeiten. Ich war insgesamt fast ein Jahr dort und kehrte bereits mit den ersten Kollektionsstücken zurück nach Deutschland. Den Skarabäus, der noch immer Teil meiner Kollektionen ist, habe ich damals in New York gefertigt.

»Heute schicke ich Ohrringe für Amal Clooney raus«

Für mich war PR von Anfang an ein wichtiges Thema. Nach einem halben Jahr entschied ich mich, mit einer PR-Expertin zusammenzuarbeiten.

Wir schickten erst einmal das Lookbook an alle Magazine und Blogger und bekamen direkt gutes Feedback. Schweren Herzens – wegen der hohen Kosten – gab ich die Schmuckstücke auch als PR-Samples raus. Wenn man an die Presse geht, wollen die Stylisten und Redakteure die Sachen auch für Fotoshootings verwenden. Diese Teile lassen sich danach natürlich nicht mehr verkaufen, das hatte ich anfangs nicht eingeplant. Mittlerweile weiß ich das und berechne es im Budget mit ein.

Inzwischen habe ich hier in Deutschland eine Agentur beauftragt, und werde gleichzeitig international von einer Londoner Agentur vertreten. Wahnsinn, wie sich das alles entwickelt hat! Wenn ich sehe, dass Stars wie Emma Watson oder Cara Delevingne meine Sachen auf dem roten Teppich tragen, macht mich das sehr stolz. Heute schicke ich zum Beispiel Ohrringe für Amal Clooney raus. Das ist schon ganz cool!

Kreativer Prozess

Ich habe es die letzten Jahre immer so gemacht, dass ich für den kreativen Prozess ein paar Monate nach New York gegangen bin. Hier in Hamburg lenkt mich das Büro zu sehr ab. Wenn ich in dem Schaffensprozess bin, dann brauche ich gebündelte Kreativzeit. Meine Freunde in New York sind auch alle Schmuckdesigner, und ich kann bei denen im Studio mitarbeiten, was echt toll ist.

Ich entwickle ein Schmuckstück und gieße anschließend davon eine Form. Mit dieser kann man das Schmuckstück so oft reproduzieren, wie man möchte. Als ich anfing, habe ich jedes einzelne Teil nach dem Gießen selbst versäubert und poliert. Bei fünf Teilen pro Schmuckstück ging das auch noch.

Nachdem die Presse über mich berichtet hatte, war die Stückzahl aber einfach zu hoch, und mir war klar, dass ich die Produktion auslagern muss. Dabei war mir ganz wichtig, die Produktion in Deutschland zu halten, sodass jetzt ein Familienbetrieb in Süddeutschland für mich fertigt.

Ich lege großen Wert darauf, dass die Musterteile weiterhin immer in meiner Werkstatt entstehen, ich also lediglich die Vervielfältigung abgebe.

Social Media, Blogger & Instagrammer

Für mich ist neben der PR auch Instagram ein zentrales Thema, das viel Zeit in Anspruch nimmt. Ich arbeite gern mit Bloggern und Instagrammern wie zum Beispiel Caro Daur, die ja auch aus Hamburg kommt. Ich statte die Instagrammer regelmäßig aus, und sie verlinken mich dafür in ihren Posts oder Storys. Dafür ist natürlich der eigene Onlineshop immens wichtig, damit man direkt darauf verlinken und darüber verkaufen kann.

Meine Kunden finden es toll, wenn sie die Person hinter dem Label auch kennen. Wenn ich mal ein Bild von mir poste oder in den Storys auftauche, kommt da direkt sehr positives Feedback. Das spielt sicher besonders eine Rolle, wenn man wie ich den eigenen Namen auch als Marke verwendet.

Ein Traum wird wahr: der Vogue Modesalon

Ich besuchte den Vogue Modesalon zum ersten Mal im Sommer vor zwei Jahren und war tief beeindruckt. Für mich war das wirklich die hochwertigste Modepräsentation in Deutschland. Damals war mein Label zwei Jahre alt, und ich fantasierte, wie toll es wäre, wenn ich meine Sachen da mal präsentieren dürfte.

Im Herbst darauf bewarb ich mich für ein Förderprogramm des German Fashion Council. Ich schaffte es unter die letzten zehn und durfte in Berlin vor ganz tollen Leuten meine Brand präsentieren. Christiane Arp ist nicht nur im Vorstand des Fashion Council, sondern eben auch Chefredakteurin der Vogue, und so wurde sie auf mich aufmerksam und lud mich ein, meinen Schmuck beim nächsten Vogue Salon zu präsentieren. Da ging für mich ein Traum in Erfüllung.

Social Media

Soziale Netzwerke wie Facebook, Instagram, Twitter und Co sind aus unserem Alltag nicht mehr wegzudenken. Da man mit ihnen die Zielgruppe schnell und sehr direkt erreichen kann, geben viele Firmen inzwischen eine Menge Geld für Werbung auf diesen Plattformen aus, nicht selten sogar mehr als für die klassischen Marketingkanäle. Der große Erfolg hat damit zu tun, dass man als Marke selbst aktiv werden kann. Man kann seine Kunden direkt ansprechen und sieht die unmittelbare Resonanz. Das ist auch besonders toll für kleine Brands, die die Kosten für eine PR-Agentur scheuen.

Reichweite & Content

Reichweite ist ein Schlagwort, das einem beim Thema Social Media sofort entgegenfliegt. Die Reichweite eines Accounts, zum Beispiel auf Instagram, misst sich daran, wie viele Menschen dem Account folgen, wie aktiv die Follower sind, ob sie Beiträge kommentieren, liken, teilen und dadurch weiterverbreiten. Deine Reichweite zeigt also, wie viele Menschen deinen Account kennen. Diese sogenannten Kennzahlen sind von zentralem Interesse für Marken, die ihre Produkte über Social Media bekannter machen wollen. Genauso wichtig sind sie jedoch für die Instagrammer selbst. Denn deren Marktwert ermittelt sich ebenfalls größtenteils aus ihrer Reichweite.

Unter Content versteht man die Inhalte, die auf Social Media geteilt werden. Diese Fotos, Videos und Texte sind unheimlich wichtig. Denn nur wer relevante, ansprechende und interessante Inhalte erstellt, findet Follower und Fans.

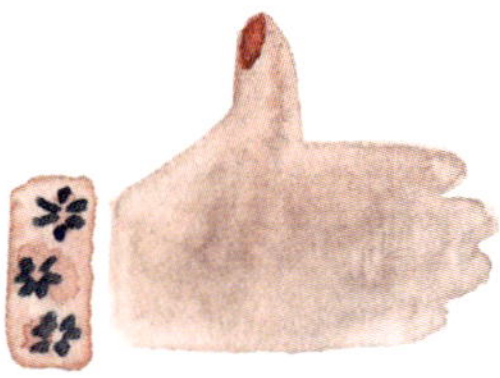

Follower kaufen

Wäre es da nicht viel einfacher, Follower zu kaufen, statt mühsam Inhalte zu erstellen, sie auf den Plattformen hochzuladen und auf positive Reaktionen zu hoffen?! Tatsächlich lassen sich Zahlen heute ganz einfach und für wenig Geld nach oben manipulieren. Am Ende nützt das jedoch wenig, denn diese Follower sind nicht echt. Oft handelt es sich um Fake Accounts, manchmal um Menschen, die dafür bezahlt werden, täglich Hunderten Profilen zu folgen und zu entfolgen.

Ich habe Follower gekauft

Macherin

Louisa Dellert lässt auf Instagram täglich 326.000 Menschen an ihrem Leben teilhaben. Sie wandelte sich von einem Fitness-Account zu einer nachhaltigen Bloggerin, die auch viel zum Thema Selbstliebe zu sagen hat. Sie hat es am Anfang ausprobiert, die eigenen Zahlen künstlich nach oben zu korrigieren.

www.louisadellert.com

„Als Instagram noch recht neu war und ich merkte, dass man damit Geld verdienen kann, wollte ich einfach schnell mehr. Ich dachte damals gar nicht darüber nach, welche Konsequenzen so ein Follower-Kauf hat. Ich fand es einfach cool, für wenig Geld schnell mehr Follower zu bekommen, um die Unternehmen besser auf eine Zusammenarbeit ansprechen zu können.

Leider hat das damals tatsächlich funktioniert, weil vor drei Jahren die Möglichkeit zum Follower-Kauf noch nicht so bekannt und verbreitet war. Es sprach mich auch niemand darauf an, weil es noch keine Plattformen wie Socialblade gab, auf denen heute jeder schauen kann, wie sich ein Instagram-Account verhält. Bei mir gab es erst Reaktionen, als Instagram die ersten Bereinigungen durchgeführt und viele Fake Accounts gelöscht hat. Dadurch gingen meine Follower-Zahlen natürlich wieder zurück. Manche Stars und Instagram-Sternchen verloren damals auf einmal bis zu 10.000 Follower. Bei mir waren es so zwischen 3.000 und 3.500. Auch darauf hat mich zwar keiner direkt angesprochen, aber ich wollte reinen Tisch machen und offen darüber reden."

MACHERINNEN

Our Food Stories

»Unsere größte Herausforderung ist es, eine noch bessere Balance zu finden. Wir lieben unseren Job einfach, arbeiten aber dadurch entsprechend viel. Das Selbstständigsein hat viele Vorteile, aber man arbeitet auch oft von Montag bis Sonntag durch, das gehört vor allem am Anfang einfach dazu.«

2013
Start des Blogs Our Food Stories

Our Food Stories goes Instagram

2016
Eigenes Studio in Berlin

2017
Start des zweiten Instagram-Accounts »Designtales«

Our Food Stories gehört mit fast einer Million Followern auf Instagram zu den erfolgreichsten Food-Accounts in Deutschland. Hinter den wunderschönen Bildern stecken die Berliner Fotografin Laura Muthesius und die Stylistin Nora Eisermann.

Die Idee hinter Our Food Stories

Nora: Laura und ich haben uns vor sechs Jahren über eine gemeinsame Freundin kennengelernt und wurden schnell ein Paar. Laura hatte damals schon eine Histamin- und Glutenunverträglichkeit, sodass wir oft zu Hause gekocht haben.

Laura: Wir probierten immer mehr aus, vor allem süße Sachen, denn vor fünf Jahren konntest du noch nicht in ein Café gehen und ein Stückchen glutenfreien Kuchen bestellen. Je öfter wir gekocht und gebacken haben, desto besser und leckerer wurden die Rezepte. Und da wir in Deutschland nicht viele Blogs zu dem Thema gefunden haben, haben wir uns überlegt, unsere Rezepte mit anderen zu teilen – auch als eine Art Online-Kochbuch für uns selbst, wo wir immer alles schnell und unkompliziert noch mal nachschauen können.

Ab in die Selbstständigkeit

Laura: Im Sommer 2013 hatten wir mit Our Food Stories angefangen, und im Herbst war ich mit meinem Fotografie-Studium fertig. Da der Blog bereits gut lief und es uns viel Spaß machte, beschlossen wir, es einfach zu probieren. Wir wollten uns ein Jahr Zeit geben und dann schauen, ob wir davon leben können. Wir machten uns gar nicht so viele Gedanken, da sich alles so gut fügte.

Nora: Im ersten Jahr arbeitete ich halbtags, und Laura studierte noch und jobbte nach dem Studium auch noch für ein paar Monate. Bis wir von Our Food Stories leben konnten, dauerte es über ein Jahr. Allerdings ging alles viel schneller, als wir endlich aufhörten, nebenbei noch anderweitig zu arbeiten. Man kann einfach viel mehr Zeit in die Selbstständigkeit investieren und ist viel offener für Anfragen.

Wie verdient ihr eigentlich Geld?

Laura: Wir haben von Anfang an als Fotografin und Stylistin gemeinsam Freelance-Jobs übernommen. Wir arbeiten immer zusammen und werden eigentlich nie alleine angefragt, weil es meistens auch Projekte im Food-Bereich sind.

Davon abgesehen, haben wir recht schnell auf dem Blog Geld mit Kooperationen verdient. Diese suchen wir immer danach aus, bei welchen Produkten und Partnern wir ein gutes Gefühl haben und wozu uns auch direkt etwas einfällt. Wir mögen aber auch Kooperationen, die man nicht sofort mit einem Food Blog assoziiert. Wir haben zum Beispiel mal mit Farrow & Ball, einer Marke für Wandfarben und Tapeten, kooperiert. Wir haben dabei einen Untergrund mit ihren Farben gestrichen und darauf geshootet. Solche Anfragen finden wir beide total spannend, weil sie uns andere Möglichkeiten und Blickwinkel eröffnen. So lernen wir immer dazu!

Kunden, Vorgaben und Rezepte

Laura: Wir integrieren Produkte aus Kooperationen

immer in ein Rezept, sonst würde das für uns wenig Sinn ergeben. Wir entwickeln also ein passendes Rezept, schlagen es der Agentur vor und die wiederum dem Kunden. Die meisten Kunden haben sich unsere Seite auch vorher angesehen und kennen unsere Bildsprache und Umsetzungsweise.

Dabei ist für uns ganz klar: Der Kunde möchte sein Produkt platzieren und bezahlt dafür, dass seine Marke bei uns stattfindet. Also zeigen wir auch sein Logo und seine Verpackung auf den Bildern, arbeiten das aber so gut ein, dass es harmonisch wirkt und keinen Störfaktor darstellt.

Ein eigenes Studio

Laura: Ganz am Anfang machten wir die Shootings bei uns in der Küche. Wir hatten das Glück, dass mein Vater noch das Haus in Brandenburg besitzt, in dem ich auch teilweise aufgewachsen bin, welches er zur Zeit unserer Gründung aber kaum nutzte. Also arbeiteten wir während der ersten 1,5 Jahre hauptsächlich dort. Als mein Vater wieder Pläne für das Haus hatte, begaben wir uns auf die Suche nach einem eigenen Studio in Berlin.

Bei einer Besichtigung fielen uns die Wahnsinnsfenster des Hauses gegenüber ins Auge. Wir gingen dann einfach rüber und fragten, ob denn noch etwas in dem Haus frei sei. Und tatsächlich war die erste Etage noch zu haben! Als wir diesen lichtdurchfluteten Raum sahen, war alles klar. Wir hatten unser Studio gefunden!

Herausforderungen

Laura: Die Umsetzung unseres Buches mit Frama, für die wir 19 Rezepte erstellten, war für uns total lehrreich. Es ist schon allein eine zeitliche Herausforderung, neben deiner normalen Arbeit und dem Blog noch 19 Rezepte zu shooten.

Nora: Unsere größte Herausforderung ist es, eine bessere Balance von Beruf und Privatleben zu finden. Wir lieben unseren Job einfach, arbeiten aber dadurch entsprechend viel. Das Selbstständigsein hat viele Vorteile, doch man arbeitet auch oft von Montag bis Sonntag durch, das gehört vor allem am Anfang einfach dazu.

Was macht euren Account so erfolgreich?

Laura: Wir sind beide Ästheten und lieben schöne Dinge und schöne Bilder. Instagram war von Anfang an unser Portfolio, das wir nutzten, um unsere Arbeiten zu zeigen.

Nora: Außerdem sind wir beim Social Marketing sehr diszipliniert und posten kontinuierlich. Es gab im letzten Jahr vielleicht zwei Tage, an denen wir nichts gepostet haben. Ansonsten geht jeden Tag ein neues Bild online. Diese Kontinuität bindet die Fans und sorgt für neue Follower.

TIPPS VON OUR FOOD STORIES FÜR INSTAGRAM

Authentisch bleiben: Wir haben von Anfang an Hashtags benutzt, aber wir haben uns nie eingeschränkt, sondern immer das geteilt, was uns selbst gefällt.

Qualität der Bilder: Ansprechende, schön arrangierte Bilder funktionieren auf einer Foto-App wie Instagram einfach gut. Darauf sollte man unbedingt von Anfang an achten.

Kenne deine Follower: Instagram ist international, und das sind auch unsere Follower. Daher war für uns von Anfang an klar, dass wir auf Englisch schreiben.

Vernetze dich: Der Austausch mit anderen Bloggern ist unheimlich schön, und man kann sich wunderbar gegenseitig unterstützen. Das ist viel wert!

Influencer Marketing

Ein wichtiger Teil des Social-Media-Universums sind Influencer. Das sind Menschen, die im Netz eine große Followerschaft haben und mit ihren Kauf- und Nutzungsempfehlungen eine bestimmte Zielgruppe erreichen. Wer jetzt ausschließlich an Modebloggerinnen denkt, liegt falsch. Für jeden Bereich gibt es inzwischen solche Influencer, ob Food, Interior, Beauty oder Sport – und jede/r von ihnen ist so nah an seiner Zielgruppe wie nur möglich. Influencer bieten dir mit ihrer Plattform die Chance, dein Produkt oder die Dienstleistung ganz gezielt deiner Zielgruppe vorzustellen. Für eine erfolgreiche Zusammenarbeit solltest du allerdings ein paar Punkte beachten.

Anne Höweler hat als eine der Ersten den Trend rund um Blogger und Influencer erkannt und setzt in ihrer Agentur Cover Communications den Schwerpunkt auf Kampagnenkonzeption und -umsetzung, strategisches Set-up und Consulting.

ANNE HÖWELERS TIPPS ZUM INFLUENCER MARKETING

Was muss ich für einen Influencer ausgeben?

Das hängt zunächst einmal von dem eigenen Produkt ab. Wenn dieses gerade so begehrt ist, dass es alle haben wollen, kann man im Fashion- und Accessoires-Bereich auch für kleines Geld etwas erreichen. Wenn es dagegen ein sehr sperriges, schwer zu vermarktendes Produkt ist, wird das eher wie eine klassische Werbung geschaltet und auch entsprechend vergütet.

Ganz konkret fängt eine bezahlte Kooperation mit Microinfluencern (bis 10.000 Follower auf Instagram) bei 250 Euro an.

Tipp: Lieber mehr mit einem einzelnen Influencer arbeiten, der eine gute Reichweite hat und gute Bilder macht als auf viele kleine zu setzen.

Welcher Influencer passt zu mir und meiner Marke?

Man kann sich zum Beispiel bei anderen Marken aus dem gleichen Feld umsehen und herausfinden, mit wem diese zusammengearbeitet haben. Oder man sucht gezielt nach bestimmten Hashtags oder Verlinkungen. Das ist zwar mühsam, aber es funktioniert. Dabei sollte man das eigene Ziel immer im Auge behalten. Möchte ich erst einmal nur meine Bekanntheit steigern, oder ist das Ziel der Abverkauf eines bestimmten Produkts? Gibt es mein Produkt nur in Deutschland, oder ist mein Service nur für Deutsche interessant? Dann sollte der Influencer einen großen Teil entsprechender Follower haben. Auch sollten die Follower alt genug sein, um überhaupt eine eigene Kaufentscheidung treffen zu können.

Ansonsten würde ich jedem empfehlen, sich an eine Agentur zu wenden. Sonst läuft man Gefahr, sein Geld in den Sand zu setzen, ohne dass groß etwas passiert. Die Agenturen arbeiten mit Erfahrungswerten und wissen, wer performt in welchem Bereich gut und erreicht auch mit kleinerer Reichweite eine breite Audience.

Was sollte ich sonst noch beachten?

Grundsätzlich sollte man sich einfach ein wenig schlaumachen, bevor man aktiv wird: Was ist eine Verlinkung in den Storys wert, was ein Blogpost, was ein Instagram-Bild? Das variiert natürlich je nach Influencer, Kampagne und Followeranzahl, aber es gibt durchaus Richtwerte, an die man sich halten kann.

Als Influencer bietet man eine Plattform an, auf der Werbung gezeigt wird. Diese darf aber nicht den Hauptinhalt ausmachen und muss zudem immer gut gekennzeichnet sein. Eine nicht gekennzeichnete Kampagne kann auch für den Auftraggeber unangenehme Folgen haben und ist oft schlicht auf Unwissenheit oder Schludrigkeit zurückzuführen. Bekannte Marken achten penibel darauf, dass gekennzeichnet wird, denn abgesehen von der gesetzlichen Verpflichtung dazu, ist es für die Unternehmen auch ein Gewinn, mit einem tollen Influencer werben zu können – genauso, wie es für den Influencer ein Gewinn ist, mit einer tollen Marke zu werben.

> **„Wir leben davon, dass wir Produkte einbinden, vorstellen und uns Konzepte dafür überlegen. Es ist für uns Arbeit, und das nicht zu knapp – da finde ich es nur fair, dafür auch bezahlt zu werden."**
>
> **JULES VILLBRANDT** | HERZ & BLUT

Zusammenfassung

Ganz ohne PR, Werbung und die neuen Medien wird heute niemand mehr erfolgreich. Schau dir die verschiedenen Möglichkeiten für dich, deine Dienstleistung und dein Produkt in Ruhe an und finde den richtigen Weg, um sie zu nutzen. Achte dabei auf folgende Punkte:

Wo ist deine Zielgruppe, wie erreichst du sie am besten?

Was ist dein Ziel? Möchtest du zunächst einmal deine Marke bekannt machen, oder geht es um den Verkauf von Produkten?

Was kannst und möchtest du selbst leisten, und wo benötigst du Hilfe von einem Profi?

Welchen Mehrwert kannst du bieten? Kannst du ein Magazin für eine Homestory zu dir nach Hause einladen oder deine Produkte für Verlosungen zur Verfügung stellen? Womit fühlst du dich wohl?

KAPITEL 10

Wie und wo möchte ich arbeiten?

Die Entscheidung, wie und wo man arbeiten möchte, gehört zu den großen Freiheiten der Selbstständigkeit. Vielleicht möchtest du die Kosten anfangs gering halten und im Homeoffice starten, vielleicht brauchst du einen festen Ort zum Arbeiten in Form eines Büros, oder dir gefällt die Gesellschaft in einem Coworking Space. Wir stellen dir die verschiedenen Möglichkeiten in diesem Kapitel vor.

MIT

Natacha Neumann FRECHE FREUNDE

Homeoffice

Ich arbeite bis heute größtenteils bei mir zu Hause am Schreibtisch. Das hat den Vorteil, dass ich mir die Kosten für ein Extrabüro spare. Außerdem brauche ich viel Ruhe zum Arbeiten und genieße nach Jahren in Großraumbüros diese Freiheit der Stille sehr. Zudem kann man ein Arbeitszimmer auch in der eigenen Wohnung steuerlich absetzen.

Ich kenne viele Selbstständige, die ihr Homeoffice über alles lieben und sich keine andere Art zu arbeiten vorstellen können. Der größte Vorteil ist aber gleichzeitig die größte Herausforderung: Man arbeitet im eigenen Zuhause. Der Ort, an dem eben das Frühstücksgeschirr darauf wartet, abgewaschen zu werden, an dem die Waschmaschine piept, weil sie fertig ist, und an dem die Couch so verführerisch zum Ausruhen und Pausemachen einlädt. Daher ist besonders hier jede Menge Disziplin notwendig, um seinen Tag produktiv zu gestalten.

Ein Tag im Homeoffice von Katharina Katz, Autorin

„Ich bin ein großer Freund von festen Abläufen und Plänen. Ich plane jeden Montag meine Woche mit allen Terminen und Abgaben sowie zeitgebundenen To-dos. Ich fange morgens gern so früh wie möglich an und sitze spätestens um 9:00 Uhr geduscht und fertig angezogen am Schreibtisch. Mir ist diese Routine wichtig, da ich so einen geregelten Feierabend und meistens auch ein freies Wochenende habe. Wenn ich mit meinen Daily Tasks früher fertig bin als geplant, widme ich mich Liegengebliebenem. Dann sortiere zum Beispiel schon einmal alle Belege für die Buchhaltung, die ich einmal im Monat an meinen Steuerberater schicke. Außerdem versuche ich, mich mindestens zweimal die Woche zum Mittagessen zu verabreden, und plane auch Dinge wie Sport ganz regulär in meine Routine ein – gerne zu Zeiten, wenn andere arbeiten müssen. Diese Freiheit ist für mich das größte Geschenk."

Ein Tag im Homeoffice von Edith Löhle, freie Journalistin

„Bis vor Kurzem sah bei mir jeder Tag anders aus – ich schlief je nach Bedürfnis und To-do-Liste und arbeitete erst einmal im Schlafanzug drauflos. Spätestens mittags habe ich mich dann so fertig gemacht, dass der Postmann keinen Schock bekam. Jetzt ist alles anders: Ich habe nun einen Hund, der bringt durch seine festen Gassi-Zeiten mehr Routine in meinen Freelancer-Alltag. Und statt zwischendurch mal eine Folge Netflix zu schauen, bin ich jetzt mit ihm draußen. Das kommt auch meiner Arbeit zugute, denn die Pausen bringen frische Luft und neue Ideen. Genau wie der Input durch Gespräche: Ich arbeite hauptsächlich vom Wohnzimmer aus, doch treffe ich mich täglich mindestens einmal (beruflich) zum Kaffee, Lunch oder Dinner."

SO ARBEITEST DU PRODUKTIV IM HOMEOFFICE

Feste Arbeitszeiten: Eine tägliche Routine schafft Platz für Kreativität, und man muss sich nicht jeden Tag neu aufraffen, mit der Arbeit loszulegen.

Netzwerken: Nicht allein im stillen Kämmerlein vor sich hin brüten, sondern immer wieder Events besuchen oder sich zum Mittagessen verabreden. Daraus entstehen oft tolle neue Projekte und Ideen.

Kein schlechtes Gewissen wegen der Hausarbeit haben: Wer kann, lässt nebenbei die Waschmaschine laufen. Wen das zu sehr ablenkt, der lässt es einfach liegen und macht es nach Feierabend wie jeder andere auch.

Die eigenen Konzentrationsphasen kennen: Hier geht es um den altbekannten Unterschied zwischen den Lerchen und den Eulen. Niemand schreibt dir vor, wann du zu arbeiten hast. Entscheide einfach, wie es für dich am besten passt.

Der Klassiker für kurze Ausflüge aus dem Homeoffice sind übrigens Cafés und Bibliotheken. Hier kann man wunderbar einige Tage arbeiten, wenn einem im Homeoffice die Decke auf den Kopf fällt. Ich gehe zum Schreiben regelmäßig in Cafés, denn für den kreativen Prozess brauche ich dieses Grundrauschen, das Geräusch der Kaffeemaschine und die Gesprächsfetzen der anderen Gäste.

Digitale Nomaden – arbeiten, wo immer man möchte

E-Mails von der Liege am Strand verschicken? Kundengespräche über Skype im hippen New Yorker Café führen. Das klingt für viele nach einem absoluten Traumjob. Dank der Digitalisierung ist dies für so manchen Kreativen Realität geworden.

Maren Merken arbeitet als Content Creator und Strategist die Hälfte des Jahres an Orten, an denen andere Urlaub machen.

TOP 4 TIPPS, UM UNTERWEGS ZU ARBEITEN, VON MAREN MERKEN

1 **Großstädte wie z.B. Ho-Chi-Minh-Stadt** in Vietnam bieten Freelancern und Kreativen immer neue und angenehme Lösungen zu arbeiten. Besonders spannende und kreative Coworking Spaces entstehen überall auf der Welt, hier lässt es sich wunderbar arbeiten, und man kann direkt noch netzwerken.

2 **Vielleicht ein bisschen langweilig**, aber tatsächlich finde ich, es lässt sich im Zug super arbeiten. Ich pendle viel, und seit es im ICE WLAN gibt, fliege ich innerdeutsch nicht mehr. Die Zeit im Zug ist einfach wertvoll, weil man nicht abgelenkt wird.

3 **Immer gut arbeiten kann ich am Strand oder am Wasser.** Viele verstehen nicht, wie das Arbeiten auf Reisen Spaß machen kann, aber wenn ich in einer einzigartigen Umgebung aufwache und aufs Meer oder einen See schaue, gehen mir ein paar Stunden Arbeit immer leicht von der Hand. Dann bin ich wahnsinnig dankbar für meinen Job und freue mich auf die Zeit danach.

4 **Einer der schönsten Orte**, an denen ich je gearbeitet habe, war in Sambia auf der Terrasse unserer Unterkunft, der Tongabezi-Lodge, mit Blick auf den Fluss Sambesi – grunzende Nilpferde inklusive.

Einfach Koffer packen und los?

Ganz so einfach ist es dann doch nicht. Wer vom anderen Ende der Welt arbeiten möchte, sollte vorher genaue Absprachen mit seinen Auftraggebern treffen – und bei Deadlines zum Beispiel immer die Zeitverschiebung mit einplanen. Vor Ort braucht man Zugriff auf stabiles Internet, und man sollte sich von der Idee verabschieden, hauptsächlich faul am Strand zu liegen, denn auch an den schönsten Plätzen der Welt macht sich die Arbeit leider nicht von alleine.

Ins Handgepäck gehören folgende Tools:

- **Laptop und Ladegerät**
- **Smartphone und Ladegerät**
- **Powerbank**
- **Externe Festplatte**
- **Notizbuch mit Stiften**
- **Kopfhörer**
- **Steckdosenadapter**

Coworking Space

Inzwischen gibt es in jeder größeren Stadt zahlreiche Coworking Spaces. Das sind Räumlichkeiten, in denen man sich einen Tisch oder ein Büro stunden- oder tageweise anmieten kann. Die Vorteile sind ein flexibler Arbeitsplatz sowie der Austausch mit anderen Selbstständigen und Kreativen, wodurch oft noch mal neue Impulse und auch Aufträge entstehen. Außerdem werden in vielen Coworking Spaces Weiterbildungen, Workshops und Events speziell für Selbstständige und Gründer angeboten.

Ein Nachteil sind oft die verhältnismäßig hohen Kosten, zumindest wenn man Wert auf ein flexibles Anmieten seines Platzes legt. Man sitzt oft in sehr großen Räumen mit vielen Menschen, je nach Typ kann das eher ablenken und nicht so förderlich für Produktivität und Konzentration sein.

3 TIPPS ZUR WAHL DES RICHTIGEN COWORKING SPACE

1 * **Gut recherchieren** und schauen, welcher Space zu einem passt und wo man am besten Gleichgesinnte trifft, die einen Mehrwert bieten können.

2 * **Verschiedene Varianten ausprobieren:** Möchte man einen festen Tisch haben, an dem man sich einrichten kann, oder lieber flexibel jeden Tag neu entscheiden, ob man für den Platz bezahlen möchte?

3 * **Leistungen vergleichen:** Manchmal sind Getränke, Snacks, aber eben auch Workshops oder Austauschevents bereits inklusive.

FRESH TEA FRESH

MACHERIN

Natacha Neumann

„Als wir damals anfingen, hat uns niemand geholfen. Es gab so gut wie keine Food-Start-ups. Heute ist das nur ein bisschen unserer Zeit, aber wir können das weitergeben, was wir damals von null an und sehr zeitaufwendig lernen mussten."

2010
Gründung Freche Freunde

2011
Produkteinführung am Markt

Auftrag verschoben: aus der Not eine Tugend machen

2017
Eröffnung des »Frechen Ladens«

Start Coworking Space goodforgrowth

Natacha Neumann, die Gründerin der Kinder-Food-Marke Freche Freunde, hat in Berlin einen Coworking Space für Gründer im Food-Bereich aufgebaut. Dort stellt sie neben einem Arbeitsplatz auch jede Menge Know-how und Tipps zur Verfügung.

Freche Freunde – wie alles anfing

Mein Mann und ich haben uns damals den Markt für Kindernahrung angesehen. Bei der Babynahrung gab es auch zu dieser Zeit schon gute, gesunde Produkte. Aber danach folgte direkt Ungesundes wie Schokoriegel, Kekse und Co. Da hatten wir unsere Idee: Bio-Snacks aus Obst und Gemüse für Kinder, die Spaß machen und schmecken.

Am Anfang entwickelten wir selbst die Rezepte für unsere Quetschies (Trinkbeutel, aus denen Kinder ohne Kleckern Fruchtbrei saugen können) in unserer Küche. Wir haben gemixt und püriert und Verschiedenes ausprobiert. Das hatte aber natürlich noch nichts mit einem industrialisierten Produktionsprozess zu tun, sodass wir uns schließlich mit unseren Konzepten und Rezepten Partner gesucht haben. Dabei mussten wir feststellen, dass es zum Beispiel einen Riesenunterschied macht, welche Birne man verwendet. Und es gibt rund 200 verschiedene Birnensorten. Das mussten wir also alles in Ruhe in einer Industrieküche testen.

Die Rolle des pH-Wertes

Man wächst mit seinen Aufgaben. Heute bin ich Expertin auf meinem Gebiet, aber am Anfang wusste ich zum Beispiel nicht, welche Rolle der pH-Wert in der Produktion spielt. Mir war auch nicht bewusst, wie schwer es ist, einen guten Lieferanten zu finden. Aber klar, der Lieferant möchte natürlich möglichst große Mengen umsetzen und sicher sein, dass seine Rechnungen auch immer bezahlt werden. Bei einem kleinen Start-up ist trotz viel Mühe einfach nicht klar, ob es am Markt bestehen kann. Da hilft nur: gut vorbereitet sein und sich und sein Produkt gut verkaufen können.

Am Anfang habe ich zum Beispiel immer digitale Mock-ups von unseren Produkten gemacht, um den Lieferanten zeigen zu können, wie alles später aussehen wird.

Fehler zum Erfolg machen

2011 erhielten wir von einem Händler, der heute noch ein sehr wichtiger und guter Kunde ist, eine große Bestellung. Wir fingen direkt mit Feuereifer an zu produzieren. Doch dann kam der Anruf vom Kunden, dass er den Auftrag noch mal um sechs Monate verschieben möchte. Wir hatten allerdings schon unser ganzes Geld investiert und Berge von Produkten hergestellt, die sich ja nicht ewig halten.

Zunächst versuchten wir, andere Kunden zu finden, die uns die Quetschies abnehmen können. Aber das war bei diesen Mengen einfach unmöglich. Schließlich beschlossen wir, sie als Produktproben für den Endverbraucher zu nutzen. Dafür war ursprünglich nicht so ein großes Budget vorgesehen, aber jetzt hatten wir ja ohnehin schon produziert.

Wir leierten dann eine Aktion mit der Deutschen Bahn an, dass über den Sommer jedes Kind im Zug einen Quetschie umsonst bekam. Am Ende war das ein echter Glücksgriff. Viele Einkäufer von Supermärkten sind auf uns aufmerksam geworden, weil ihre Tochter oder ihr Sohn in der Bahn einen Quetschie erhalten hatte. Das war wohl die klügste improvisierte Marketingstrategie aller Zeiten.

Kopieren von Produkten

Ein simples Produkt ist für uns natürlich einfacher zu produzieren und zu koordinieren, aber es ist eben auch leichter zu kopieren. Unsere Quetschies hatten beispielsweise schon nach kürzester Zeit Nachahmer, während das bei unseren Obstchips fast vier Jahre gedauert hat.

Für uns war Konkurrenz aber eher eine Hilfe. Als wir 2010 auf den Markt kamen, gab es nur Brei. In der Zwischenzeit ist unser Marktsegment stetig gewachsen, und die Regale sind voll von verschiedenen Produkten. Wären wir die Einzigen geblieben, hätte es wohl kaum dieses rasante Wachstum gegeben.

Nicht so schön sind natürlich komplette Kopien – vom Rezept übers Packaging bis zum Marketingkonzept. Wir sind oft die Ersten mit einer frischen Idee für ein Produkt, eine Kampagne, eine Promotion – und da ist es schade, wenn die einfach 1:1 nachgemacht wird.

Coworking Space

Kurz nachdem wir 2017 mit unserem Büro in den Prenzlauer Berg in Berlin umgezogen waren, bot uns der Vermieter noch eine angrenzende freie Unit an. Und da es so eine tolle Fläche ist, haben wir überlegt, was man damit machen könnte. Schließlich kam uns der Gedanke, daraus einen Coworking Space für Food-Start-ups zu machen. Da wir uns schon lange in dem Bereich engagieren, lag die Idee nahe.

Nun bieten wir den Leuten also einen Schreibtisch oder Arbeitsplätze, aber wir quatschen auch viel mit ihnen. Wir versuchen, bei Vertragsfragen, aber auch bei Problemen mit Lieferanten weiterzuhelfen und generell zu unterstützen. Als wir damals anfingen, hat uns niemand geholfen. Es gab so gut wie keine Food-Start-ups. Heute ist das nur ein bisschen unserer Zeit, aber wir können das weitergeben, was wir damals von null an und sehr zeitaufwendig lernen mussten.

Rat an Gründer

Man braucht ein gutes Support-System: Familie, Freunde, Partner. Man ist auf ihr Verständnis angewiesen, denn besonders am Anfang kann es passieren, dass man liebe Menschen eine ganze Weile nicht sieht. Ich habe einige Freunde verloren, denn nicht jeder wartet ein paar Jahre auf dich. Aber gute Freunde und die Familie verstehen das und unterstützen einen, wo sie nur können!

Ein eigenes Büro

Besonders wenn man nicht alleine gründet, bietet sich ein eigenes Büro an, um einen Platz für den Austausch im Team zu haben. Gründet man alleine, kann man sich einen Büropartner suchen oder nach alternativen Lösungen Ausschau halten. Ich hatte zum Beispiel eine Zeit lang einen Büroplatz in einem kleinen Vintage-Laden. Vorne war die Ladenfläche, und ich hatte das hintere Zimmer als Büro angemietet. So hatte ich meine Ruhe, aber auch jemanden zum Kaffeetrinken oder für eine zweite Meinung zu einem Problem.

Vielleicht hast du nach einer gewissen Zeit dein Portfolio erweitert, benötigst jetzt ein wenig Lagerfläche, möchtest einen Mitarbeiter oder Praktikanten einstellen oder brauchst einen Ort, an dem du Kunden empfangen kannst. In jedem Fall musst du die Kosten gut durchkalkulieren, und du solltest dir sicher sein, dass du das Büro auch nutzt.

„Für eine professionelle Außenwahrnehmung wollten wir unbedingt von Anfang an ein eigenes Büro haben, natürlich auch, um eine effiziente Zusammenarbeit zu gewährleisten. Alle Start-up-Büros, die wir uns angesehen hatten, waren zu dem Zeitpunkt zu teuer für uns. Durch einen glücklichen Zufall haben wir unser erstes eigenes Büro gefunden – das war der perfekte Start für die Unternehmensgründung!“

ANNA WEILBERG, LISA VAN HOUTEM & KATHARINA CHARPIAN | FEMTASTICS

> **„Am Anfang hatten wir ein Ladengeschäft in Friedrichshain als Büro angemietet. Wir saßen dort also mit den Kunden und den Laptops auf Bierkisten im Schaufenster. Nach und nach kauften wir uns ein paar Möbel und haben Freelancer dazugeholt. Aber das ging alles nicht von heute auf morgen."**

FRÄNZI KÜHNE | TLGG

TIPPS

Es kann dauern, ein passendes Büro zu finden. Am besten gibst du deinen Freunden Bescheid und aktivierst dein Netzwerk. Auch empfiehlt es sich, für den Übergang immer mal wieder nach Shared Offices Ausschau zu halten.

Überleg dir gut, was in den nächsten Monaten ansteht. So kannst du die richtige Größe einschätzen.

Am besten ist dein Weg zum Büro nicht zu lang. Sonst nutzt du es am Ende doch wesentlich weniger als eigentlich geplant.

Zusammenfassung

Deine Selbstständigkeit gibt dir die Freiheit, dort zu arbeiten, wo du möchtest. Ob das unter Palmen ist, an deinem heimischen Küchentisch, in einem Coworking Space mit anderen Gründern oder direkt in deinem eigenen Büro. Du musst nur die Variante finden, mit der du dich am wohlsten fühlst und am produktivsten arbeiten kannst.

NEU
ERÖ
FFN
UNG

KAPITEL 11

(M)ein eigener Laden

Ein hippes kleines Café mitten in der Großstadt, einen alten Bauernhof zum Restaurant umbauen oder endlich den Vintage-Shop mit ausgesuchten Stücken eröffnen – ein eigener Laden ist oft ein lang gehegter Traum. In diesem Kapitel zeigen wir dir, was bei einem eigenen Café, Laden oder auch Onlineshop zu beachten ist, damit der Traum nicht zum Albtraum wird.

MIT

Sarah Hallmann HALLMANN & KLEE ✱ *Zelda Czok* WINKEL VAN SINKEL

Ein eigenes Café

Eine nicht repräsentative Umfrage in meinem Freundeskreis zeigt: Die Eröffnung eines kleinen Cafés ist eine Wunschvorstellung von vielen, die ihrer beruflichen Mühle entfliehen möchten. Dabei hängen besonders an einem eigenen Café oder Restaurant so einige Verpflichtungen. Es kommen nicht zu unterschätzende Kosten auf einen zu, und man braucht einen langen Atem, um den Traum auch in die Realität umzusetzen. Besonders im kulinarischen Bereich liegt es heute auch nicht mehr nur an der Qualität des Essens. Der Look, die Speisekarte und die Atmosphäre spielen eine große Rolle bei der Frage, ob und wie ein Café zum Erfolg wird.

Vor diesen Details steht in der Regel jedoch die erste große Hürde an: die Suche nach der passenden Location. Dabei sollte man ausreichend Zeit einplanen, denn besonders in Großstädten ist die Auswahl an attraktiven verfügbaren Lokalen beschränkt. Zudem sollte man sich genau überlegen, was man von der Location erwartet. Dein Konzept sollte in den Stadtteil, die Umgebung und zur Struktur der Bewohner passen. Ein Beispiel: Du möchtest ein Café für Mütter eröffnen. Dann wäre eine Location in der Nähe eines Spielplatzes in einem kinderreichen Stadtteil ideal, damit deine Zielgruppe bequem und ganz einfach auf dich aufmerksam wird, weil du ein bereits bestehendes Bedürfnis (heiße Getränke und Leckereien für den Spielplatz) befriedigst.

Sobald du dir über die ideale Lage klar geworden bist, muss nur noch ein passendes Objekt in der Wunschgegend frei werden – was leider eine ganze Zeit lang dauern kann. Ein langer Atem und Geduld sind zu diesem Zeitpunkt deine wichtigsten Eigenschaften!

TIPPS VON SARAH HALLMANN

Wenn du stark an ein maximales Budget gebunden bist, solltest du mit verschiedenen Maklern arbeiten. Hier kannst du konkret deine Wünsche angeben. Außerdem werden viele Lokale gar nicht in den klassischen Suchbörsen ausgeschrieben, ein Makler hat da noch mal ganz andere Quellen.

Du solltest Geduld und einen langen Atem mitbringen. Die perfekte Location fällt einem in den seltensten Fällen innerhalb weniger Wochen in den Schoß. Also immer weiter selbst schauen, sich umhören und warten, was sich ergibt.

Überleg dir gut, welche Kompromisse du eingehen würdest. Kann das Budget überzogen werden, oder wärst du bereit, bei Umbau oder Ausstattung viel selbst zu machen? Würdest du eher bei der Lage Abstriche machen oder bei der Größe des Ladens? Überleg dir genau, worauf du auf keinen Fall verzichten möchtest, und lege darauf deinen Schwerpunkt bei der Suche.

Im Hintergrund eines Cafés oder Restaurants spielt viel versteckte Ausstattung eine Rolle, an die man nicht sofort denkt, die einem aber jede Menge Ärger machen oder ersparen kann: zum Beispiel Wasser- und Stromleitungen, Fettabscheider etc. Man sollte sich gut informieren und idealerweise einen Fachmann konsultieren, der die zusätzlich anfallenden Kosten einschätzen kann.

Bei der Bewerbung um einen Laden muss man fast immer ein Konzept vorlegen. Die Zeit und die Mühe, das Konzept möglichst überzeugend zu gestalten, sind gut investiert. Damit kannst du auch überprüfen, ob der Laden wirklich zu dir und deiner Idee passt.

Sind die Räumlichkeiten erst einmal gefunden, geht es darum, sie mit Leben zu füllen. Dabei sollten der persönliche Geschmack, das Konzept und eine gewisse Praxistauglichkeit Hand in Hand gehen. Das Wichtigste ist, sich Inspiration zu suchen, also ein gutes Moodboard zu erstellen, und die Kosten im Auge zu behalten. Bei unserem Beispiel mit dem Müttercafé am Spielplatz gibt es unter anderem einige praktische Bedürfnisse. Weiße Polsterbezüge wären in diesem Fall unsinnig. Auch sollte man überlegen, ob man Kinderwagen im Café erlauben möchte, wofür wiederum die Gänge entsprechend breit sein müssen. Ist dafür kein Platz, kann man vor dem Café Möglichkeit bieten, Kinderwagen anzuschließen, damit die Mütter sie beruhigt stehen lassen können.

MACHERIN

Sarah Hallmann

„Alleine Chefin zu sein war schon eine Umstellung. Mein wichtigstes Tool: Multitasking! Während ich den Brotteig ansetze, kümmere ich mich per WhatsApp um die Personalplanung."

2009
Die Idee für ein eigenes Restaurant

2015
Suche einer Location

2016
Eröffnung Hallmann & Klee

Ausstieg der Partnerin Fritzi Klee

2017
Eine eigene Abendkarte kommt dazu

Sarah Hallmann hat mit ihrer Freundin Fritzi Klee 2016 das Restaurant Hallmann & Klee in Berlin eröffnet. Nach kurzer Zeit stieg Fritzi zwar aus, der Name Hallmann & Klee blieb aber, genau wie das beste Frühstück der Stadt, die Liebe zu großartigen Produkten und Sarah, die den Laden mit viel Herz weiterführt.

Eine Idee entsteht

Fritzi und ich haben gemeinsam und als die einzigen beiden Frauen in einem Restaurant gearbeitet, sie als Konditorin und ich als Köchin. Wir sprachen schon ziemlich früh darüber, ein eigenes Restaurant aufzumachen. Wir lieben gutes Frühstück, und wir leben beide in Neukölln. Da hat sich die Idee angeboten, einen Laden in Neukölln zu eröffnen, der richtig tolles Frühstück hat, der Kaffee und Kuchen anbietet und einen Mittagstisch. – Das war unsere Grundidee.

Es wird konkret!

Wir haben erst einmal beide mit verschiedenen Jobs ein wenig Startkapital verdient. Nebenbei feilten wir immer weiter an dem Konzept und sammelten Ideen. Wie soll unser Frühstück aussehen? Was machen wir selbst? Was kaufen wir zu? Mit welchen Lieferanten möchten wir arbeiten? Da wir immer viel unterwegs waren, haben wir die Augen offen gehalten: Was schmeckt uns am besten? Und

„Wir kommen beide vom Bauernhof und wissen daher, wie gut eine Kartoffel schmecken kann und dass man dazu eigentlich nur ein Stückchen Butter oder eine Dickmilch braucht. Genau das war auch immer unsere Idee: hochwertige Produkte zu benutzen und diese gar nicht unbedingt aufwendig zuzubereiten, sondern in einer perfekten Umgebung zu inszenieren."

Im Hallmann & Klee kommen ausschließlich Produkte von lokalen Produzenten auf den Teller – oder das beliebte Frühstücksbrett.

wie können wir mit diesen besonderen Lieferanten in Kontakt treten? So hat sich langsam das geformt, was unseren Laden heute ausmacht.

Menü & die passenden Produkte

Für uns ist es enorm wichtig und ein zentrales Anliegen, welche Produkte wir verwenden. Wir kommen beide vom Bauernhof und wissen daher, wie gut eine Kartoffel schmecken kann und dass man dazu eigentlich nur ein Stückchen Butter oder Dickmilch braucht. Genau das war auch immer unsere Idee: hochwertige Produkte zu benutzen und diese gar nicht unbedingt aufwendig zuzubereiten, sondern in perfekter Umgebung zu inszenieren. Ich verwende weder Geschmacksverstärker noch groß Bindemittel. Ich serviere lieber ein bisschen weniger Soße, die dafür aber voller Geschmack ist.

Fritzi steigt aus: wenn ein Gründer nicht mehr kann

Obwohl wir so viele Jahre mit dem Traum von unserem eigenen Café gelebt hatten, sah die Realität dann doch anders aus, als wir sie uns ausgemalt hatten. Unser Laden war vom ersten Tag an voll.

Damit hatten wir beide nicht gerechnet, da wir auch gar keine Werbung gemacht hatten. Wir hatten vorher angenommen, wir würden ein wenig Zeit haben, um uns einzugewöhnen, um uns zu akklimatisieren, aber das war nicht der Fall. Wir mussten von Tag eins nonstop volle Leistung bringen und nebenbei ein System entwickeln und Abläufe definieren. Klar macht man sich vorher Gedanken über die grundsätzlichen Prozesse, über die Produktion und Ähnliches, aber es gibt viele Sachen, die du erst im laufenden Betrieb bemerkst und die dann schnell zu einem Problem werden können.

Fritzi war dem Druck nach kurzer Zeit schon nicht mehr gewachsen und brauchte eine Auszeit. Allerdings hatten wir zu diesem Zeitpunkt gerade mal drei Monate geöffnet, und es war klar, dass ich das nicht alleine schaffe. Wir sprachen dann viel über mögliche Lösungen, haben uns letztlich aber für einen Cut entschieden. Das war keine einfache Entscheidung und hat mir gezeigt: Egal, wie gut man sich vorher kennt, es ist einfach superwichtig, über solche Eventualitäten von Anfang an zu sprechen. So kann man Geschäftliches von Privatem klarer trennen.

Aber auch im Nachhinein ist für mich klar: Ohne Fritzi hätte ich mir das Ganze wahrscheinlich nie zugetraut und nicht den nötigen Mut gehabt. Unter anderem deshalb würde ich auf keinen Fall davon abraten, gemeinsam etwas zu gründen. Da kommen so viele aufregende Schritte auf einen zu, und es ist wunderbar und hilfreich, wenn man das teilen kann. Allerdings würde ich auch jedem raten: Macht einen vernünftigen Vertrag, in dem ihr vorab alle Eventualitäten abklärt und der für beide Seiten fair ist. Sprecht darüber, was passiert, wenn ihr euch auflöst – denn das passiert leider recht häufig.

»Ich bin kein Übermensch«

Alleine Chefin zu sein war schon eine Umstellung. Mein wichtigstes Tool: Multitasking! Während ich den Brotteig ansetze, kümmere ich mich per WhatsApp um die Personalplanung. Viele Aufgaben habe ich aber nach und nach auf meine Mitarbeiter aufgeteilt. Eine Mitarbeiterin macht zum Beispiel die Buchhaltung für mich, das ist eine große Entlastung. Auch in der Küche haben wir die Aufgaben klar verteilt: Zwei machen das Frühstück, eine fertigt die Patisserie, und ich bestreite den Abend. Abendessen war am Anfang gar nicht geplant. Aber wir haben in kurzer Zeit an Größe gewonnen. Würde ich all das selbst machen, würde die Qualität darunter leiden. Der Split in die einzelnen Bereiche war wichtig, denn ich bin ja kein Übermensch.

SARAHS TIPPS FÜR DIE ENTWICKLUNG EINES LADENKONZEPTES

Geh raus und schau dir andere Läden an! Wir wollten zum Beispiel gerne einen langen Tisch für unser Restaurant. Bei anderen haben wir dann festgestellt, dass man sich nicht mehr richtig mit seinem Gegenüber unterhalten kann, wenn eine Tafel zu breit ist. Es ist superwichtig, dass du dir solche Dinge merkst und am besten sogar aufschreibst.

Versuche, eine mietfreie Zeit zu verhandeln. Damit verschaffst du dir nötige Zeit zum Renovieren und zum Gestalten des Ladens, ohne direkt sich ansammelnde Kosten im Nacken zu haben.

Verlier dein Budget nicht aus den Augen und schau immer, ob du nicht vielleicht mithilfe von Freunden auch etwas selber machen kannst. Wir wollten unbedingt eine Eichenbank haben. Sie zu kaufen wäre aber nicht im Budget gewesen. Also haben wir das Holz gekauft und sie selbst gebaut.

Verkünstle dich nicht. Wir wollten eigentlich Geschirr von einem Töpfer anfertigen lassen. Da wir aber ein Tagescafé sind, war das nicht alltagstauglich.

Sammle Ideen: Wir sammelten superlange Bilder, die uns besonders gut gefielen. Daraus machten wir dann ein Moodboard, das wir immer wieder angeschaut haben und dessen Ideen wir immer wieder überprüft haben.

Ein eigener Laden

Wie bei allen selbstständigen Projekten entsteht auch bei einem Laden als Erstes das Konzept. Man überlegt sich, wer die Zielgruppe ist, was verkauft werden soll, wie groß der Laden sein sollte, welcher Standort sinnvoll ist, wie der Laden eingerichtet wird und vieles Weitere. All das sollte man sich in einem Konzept verschriftlichen, um die Idee des eigenen Ladens möglichst greifbar und konkret zu machen. Auch hier ist es sinnvoll, ein Moodboard zu erstellen, um ein Gefühl für die Welt rund um die eigene Idee zu bekommen.

Macherin

Ulrike Rosenthal, Inhaberin von Miss Peacock Vintage & Crafts, sucht ihre Vintage-Interieur-Funde aus allen Epochen mit viel Liebe und Sorgfalt auf Flohmärkten, Dachböden und Kellern zusammen und lässt sie durch ihre Restauration ganz neu aufleben.
www.misspeacock.de

“Ich stand schon immer auf Vintage-Möbel und Accessoires aus den 40er- und 50er-Jahren, fand aber die bekannten An- und Verkaufsläden meist furchtbar muffig und verstaubt. Also habe ich mir ein Ladenkonzept überlegt, bei dem ich Einzelstücke aus der Vergangenheit neu aufarbeite und sie gekonnt mit modernen Accessoires kombiniere. Ich integriere sie im Laden bewusst als Highlights in verschiedene Interieur-Stile und Ensembles. So wirken sie frisch und überhaupt nicht mehr altbacken.”

ULRIKE ROSENTHAL | MISS PEACOCK

Wichtig für das Konzept ist es auch, sich andere Stores und vergleichbare Businessmodelle anzuschauen, um genau zu wissen, was bei anderen gut funktioniert und was am Markt noch fehlt. Was kann ich mir abschauen? Womit unterscheide ich mich von anderen? Was kann mein Alleinstellungsmerkmal sein? Besonders toll ist es natürlich, wenn man eine Idee für einen Laden hat, den es in dieser Form vorher noch nie gab.

3 Beispiele für einzigartige Ladenkonzepte

FEEDBACK FACTORY, DAS KAUFHAUS DES TESTENS | BERLIN

Die Matcha-You-Gründerinnen Franzi und Ola stellen Produkte von Start-ups vor, die es zum großen Teil so noch gar nicht im Handel gibt. Der Vorteil für den Kunden: Er kann ganz neue Produkte kennenlernen, testen und kaufen. Der Vorteil für die kleinen Marken: Sie lernen ihre Kunden besser kennen und können am Schluss Zahlen vorweisen, die ihnen auch im regulären Handel einen Einstieg ermöglichen. ✱ *www.matcha-you.de*

KOCH KONTOR | HAMBURG

Im Koch Kontor verbindet Inhaberin Tina ihre Leidenschaft für Kochbücher mit leckerem Essen. Die Idee: ein Buchladen mit der Crème de la Crème der Kochbücher, in dem jeden Tag aus einem dieser Bücher ein Mittagstisch gezaubert wird. Ob Jamie Oliver oder Jasmine Hensley – man kann vorab auf der Tafel lesen, welcher bekannte Chefkoch die Idee zu dem aktuellen Gericht geliefert hat, und es dann ganz leicht direkt zu Hause nachkochen.

✱ *www. koch-kontor.de*

LNFA – LIVE NETWORK FASHION & ART

Dieser Concept-Store verbindet die Arbeit einer PR- und Eventagentur mit einer eigenen Verkaufsfläche im angesagten Shoppingcenter Bikini Berlin. Das Besondere: Junge Designer aus den Bereichen Fashion und Interior können hier ihre Kollektionen vorstellen und verkaufen. Die Agentur unterstützt mit ihrem Netzwerk und jeder Menge Know-how bei der Organisation von Events und Veranstaltungen und auch generell beim Aufbau »ihrer Brands«.

✱ *www.lnfa-shop.de*

Ladeneinrichtung

Hat es mit der Traum-Location geklappt, kommt endlich der spaßige Teil: den eigenen Laden gestalten! Dabei ist es unheimlich wichtig, sich einen Budgetplan zu machen. Dieser sollte unterteilt werden in die notwendige Erstausstattung und eine spätere Wunschliste. Auch sollte man etwas Raum für Flexibilität einplanen. Es gilt jetzt, sich nicht mit übermäßigem Perfektionismus verrückt zu machen, sondern auch Platz für Veränderungen zu lassen. Regelmäßiges Umgestalten und Nachbessern gehören dazu, machen Spaß und geben dem Laden auch immer wieder einen neuen Touch.

„Wir mussten bei der Einrichtung überlegen, in was wir Geld investieren und was wir selbst machen können. Wir haben zum Beispiel ein IKEA-Regal als Korpus genommen und schöne andere Regalbretter eingearbeitet. Vieles lief bei uns auch mit der Hilfe von Freunden und einem guten Netzwerk, das wir uns über die Jahre aufgebaut haben und nun wunderbar nutzen konnten. So war es uns möglich, zu fairen Preisen wertige Lösungen zu finden."

ZELDA CZOK | WINKEL VAN SINKEL

TIPPS FÜR EINRICHTUNG MIT KLEINEM BUDGET VON EMMA & MAILLE

Einrichten mit kleinem Budget

Anika Schneider und Maia Kesseler sind ein Designteam aus Duisburg. Sie entwickeln als freiberufliche Designer individuelle Farb- und Raumkonzepte, entwerfen Kollektionen oder erstellen Printmotive sowie Illustrationen. ✱ *www.emmamaille.de*

1 **Die Farbgebung ist in einem Laden** besonders wichtig und ein schlüssiges Farbkonzept daher sehr empfehlenswert. Vor allem helle und freundliche Farben schaffen eine angenehme Atmosphäre, in der sich der Kunde wohlfühlt und zu der er gerne zurückkehrt. Das kann man wunderbar umsetzen, indem man selbst streicht – auch Regale und Böden! So entsteht ein einheitlicher Look für kleines Geld.

2 **Durch besondere Einzelstücke** wird der Laden individuell. Nach schönen, hochwertigen Vintage-Möbeln kann man beispielsweise wunderbar auf Trödelmärkten oder auch bei Haushaltsauflösungen suchen. Holz geht eigentlich immer, da es sich meist im Hintergrund hält und sich gut mit allen Farben kombinieren lässt.

3 **Um spannende Kontraste zu erzeugen**, bietet es sich an, mit verschiedenen Materialien, Oberflächen und Haptiken zu spielen. Wir mixen gerne Metall, Holz, Keramik und Textil und lassen daraus immer wieder neue Farb- und Themenwelten entstehen.

4 **Man sollte jedem Produkt genug Platz geben** und den Raum nicht überladen. So wirken die Artikel hochwertig, und der Kunde wird visuell nicht überfordert.

5 **Nicht zu vergessen sind genügend Lichtquellen** in Form von warmen Leuchten und großen Schaufenstern, viele Pflanzen und entspannte Hintergrundmusik. All dies verleiht dem Laden den letzten Schliff und eine gewisse Gemütlichkeit.

Wareneinkauf

Beim Wareneinkauf gibt es die Grundregel, nicht mehr auszugeben, als man eingenommen hat. Ein Beispiel: Wir haben Ware für 6.000 Euro verkauft, wobei der Wareneinsatz bei 30% lag. Dann kann ich nun für 4.200 Euro neue Ware einkaufen. Wenn ich dagegen für 6.000 Euro Ware einkaufen würde, würde ich mehr Geld ausgeben, als ich überhaupt verdient habe. Damit wäre ich 1.800 Euro im Minus.

Diese Zahlen muss man sich genau und immer wieder anschauen. Controlling ist ein ganz wichtiger Faktor im Einzelhandel und sollte regelmäßig mit dem Businessplan und den eigenen Entwicklungsprognosen bei Einkünften und Ausgaben abgeglichen werden. Außerdem sollte man einen guten Rhythmus für Bestellungen finden. Wenn man die Möglichkeit hat, öfter kleinere Mengen zu bestellen, ist das zwar mehr Arbeit als wenige große Bestellungen, aber es birgt ein geringeres Risiko, auf Ladenhütern sitzenzubleiben. Produkte, die sich nicht verkaufen, sind leeres Kapital und bedeuten am Ende einen Verlust. Sie sollten also so gut wie möglich vermieden werden.

Der Vintage-Store Miss Peacock in Berlin verbindet Fundstücke aus alten Tagen mit modernen Designideen.

MACHERIN

Zelda Czok

„Ich bin halb Holländerin, halb Deutsche, zweisprachig aufgewachsen und habe immer meine Ferien in Holland verbracht. Das sind meine Wurzeln, und viele Elemente bei mir im Laden stehen so auch bei meiner Tante."

2016
Entschluss zur Selbstständigkeit

Einrichten und Gestalten des Ladens

Eröffnung innerhalb weniger Monate

Blogger wie Fräulein Anker & die femtastics entdecken den Laden

2017
Die Anzahl der Mitarbeiter steigt

2018
Eröffnung des zweiten Ladens in Hamburg

Zelda Czok war bei ihrer Gründung alleinerziehende Mutter von zwei Kindern. Den Sprung in die Selbstständigkeit hat sie trotzdem gewagt – und zwar mit Erfolg! Ihr Laden Winkel van Sinkel ist die Anlaufstelle für alle Hamburger, die ihr Zuhause mit wunderschönen Pflanzen und Accessoires aus Holland verschönern möchten.

Eine Location wird zum Startschuss in die Selbstständigkeit

Den Traum von einem eigenen Laden hatte ich schon lange, traute mich aber viele Jahre nicht. Da ich aus einer Einzelhandelsfamilie komme, weiß ich, wie viel Arbeit damit verbunden ist. Doch dann kam der Moment, der alles verändert hat. Eigentlich suchten wir nach einem Büro für meinen Freund, aber als wir hier in den Räumlichkeiten standen, war für mich klar: Das wird mein Laden! Ich hatte gerade meinen alten Job aus anderen Gründen gekündigt, aber noch nichts Neues gefunden. Und dann kam diese Location, und ich dachte: Wenn nicht jetzt, wann dann?!

Das Ladenkonzept

Das Thema Pflanzen und die Idee eines Lifestyle-Concept-Stores gefielen mir schon länger, und ich hatte in den letzten Jahren mit wachsender Neugier beobachtet, was auf dem holländischen Markt in

diesem Bereich passiert. Ich bin halb Niederländerin, halb Deutsche, zweisprachig aufgewachsen und habe immer meine Ferien in Holland verbracht. Das sind meine Wurzeln, und viele Elemente in meinem Laden stehen so auch bei meiner Tante. Der skandinavische Stil ist in Hamburg sehr verbreitet, während die Niederlande mit ihrem unglaublichen Charme, der Coolness und diesem Imperfekten noch wenig vertreten sind, das Spektrum aber perfekt ergänzen.

What goes around comes around

Der Gründungszuschuss deckte im ersten halben Jahr meine privaten Kosten zu Hause. Für den Laden und seine Einrichtung nutzte ich ein relativ schmales Budget aus Eigenkapital – meinen Notgroschen. So war ich von niemandem abhängig, was mir in diesem Schritt sehr wichtig war.

Ich habe einen Businessplan geschrieben und wusste entsprechend genau, welche Menge an Ware ich am Anfang haben würde und was ich damit erwirtschaften musste. Und natürlich war klar: Je schneller ich diese verkaufe, desto schneller kann ich das Geld wieder einsetzen, um neue Ware zu kaufen. Den Warenbestand konnte ich so über die letzten Monate Stück für Stück hochfahren. Das Resultat ist, dass ich zwar relativ häufig bestellen muss, was zusätzliche Arbeit ist, dass ich jedoch langsam, aber stetig wachsen kann.

Ein wichtiger Teil meiner Arbeit ist Controlling. Ich schaue ganz genau, was sich wie gut verkauft, und die Bestseller müssen sofort nachbestellt werden und immer auf Lager sein. Bei Produkten, die sich nicht so gut verkaufen, ist es nicht so dringlich. So stelle ich sicher, dass ich den Warenbestand am Ende auch auf jeden Fall verkauft bekomme.

Marken vom eigenen Konzept überzeugen

Ich habe am Anfang eine ganz tolle Präsentation erstellt, habe Bilder eingefügt, das Konzept erklärt und Marken gezeigt, von denen ich schon wusste, dass wir sie im Laden haben werden. Und damit bin ich an die neuen Marken herangetreten. So konnten sie schon einmal schauen, in welchem Marken- und Produktumfeld sie sich bewegen würden. Wenn man es da schafft, die Perspektive dieser Marke einzunehmen, und eine gute Ansprache hat, die der Marke ein Gefühl von Sicherheit vermittelt, klappt der Wareneinkauf auch als neuer Laden mit geringeren Abnahmemengen.

Lage, Lage, Lage

Wir haben ein Café nebenan, was gerade am Anfang für uns super war, weil es durch ein Café immer viel Bewegung und Laufkundschaft gibt. Unsere Lage ist auch deshalb gut, weil es eine Durchgangsstraße ist. Jeder, der zwischen Michel, Reeperbahn und der Innenstadt spazieren geht, kommt an unserer Straße vorbei. Und dann haben wir noch das Glück, in der Nähe vieler Verlage zu sitzen, sodass uns beispielsweise die Redakteure von Gruner + Jahr ganz einfach in ihrer Mittagspause entdecken konnten. Dadurch kamen immer wieder Zeitschriften auf uns zu, die unser Konzept gut fanden – ein Segen, für den wir wahnsinnig dankbar sind. Ich weiß nicht, ob man das auch mit einer PR-Agentur erreichen kann, für mich gab es ja nie die Notwendigkeit, das auszuprobieren.

Einzelhandel ohne Erfahrung ist nicht einfach

Gerade in der Anfangsphase wird man jeden Tag mit anderen Fragen konfrontiert. Zum Beispiel, wie eine Inventur läuft, was man beachten muss, wenn man eine Mitarbeiterin einstellt, oder auch wie ein Kassensystem funktioniert. Es kommen ständig neue Themen auf, auf die man sich einstellen und mit denen man sich auseinandersetzen muss.

Du brauchst im Einzelhandel Verkäufer, die Präsenz zeigen. Jemand ohne Erfahrung geht zudem zu schnell unter. Du brauchst Menschen, die Augenkontakt halten können, die den Kunden sehen, ohne aufdringlich zu sein. Das haben manche im Blut, andere haben es gelernt. Wenn man ohne Einzelhandelserfahrung einen eigenen Laden aufmachen möchte, würde ich einen Coach oder einen Berater konsultieren. Das hier investierte Geld holt man in der Regel dreifach wieder raus.

Online verkaufen

Der erste Schritt, um die eigenen Produkte zu verkaufen, geht oft online, wo man heute zahlreiche Möglichkeiten hat. Man kann sich einen eigenen Onlineshop aufbauen oder die zahlreichen bestehenden Plattformen wie Etsy und Co nutzen. Beides hat seine Vor- und Nachteile.

Etsy & Co

Wer seine Produkte möglichst schnell online anbieten möchte, kann dies über eines der zahlreichen Portale tun, die sich auf kleine Designer- und Handmade-Produkte spezialisiert haben. Das größte und bekannteste ist dabei sicherlich Etsy. Der größte Vorteil einer solchen Plattform ist die simple Handhabe. Man kann sich ganz leicht einen eigenen Shop einrichten, alle Zahlungsmittel sind verfügbar, und man profitiert von dem Netzwerk und der Präsens der Webseite. Aber man ist eben auch an die Regularien dieser Seiten gebunden. Außerdem kann man nicht mitentscheiden, in welcher direkten Nachbarschaft die Produkte auftauchen. Und die Gefahr, in der Masse unterzugehen, ist recht hoch.

Ein solcher Marktplatz lohnt sich aber auf jeden Fall, um einfach, schnell und ohne große Investition auszuprobieren, ob sich deine Produkte gut verkaufen. Leg dir dort also deinen eigenen Shop an und promote ihn unbedingt auf deinen Social-Media-Kanälen! Etsy hat so viele Verkäufer und Shops, dass deine Ideen sonst aller Wahrscheinlichkeit nach untergehen.

So merkst du schnell, ob deine Produkte die Käufer ansprechen. Oder du bekommst Feedback, was du an ihnen noch verbessern kannst. Und sobald du dich dann mit deinen Produkten wohlfühlst, sie bei deiner Zielgruppe Anklang finden und du Zeit sowie die nötigen (finanziellen) Mittel hast, kannst du mit dem Aufbau eines eigenen Onlineshops loslegen.

TIPPS

5 Tipps für einen erfolgreichen Etsy-Auftritt

- **Individualität**: Achte darauf, dass sich dein Shop von anderen abhebt.
- **Texte**: Leg besonderen Wert auf eine stimmige Beschreibung deiner Produkte. Stell dir einfach vor, der Käufer würde vor dir stehen und du möchtest ihm oder ihr erklären, was so besonders an deinem Angebot ist. Sei dabei weder zu technisch noch zu blumig, sondern versuche, einen natürlichen Ton zu finden.
- **Fotos**: Gute Bilder sind im Onlineverkauf das A und O, schließlich kann man die Produkte nur visuell erleben. Deshalb müssen sie wenigstens auf dem Foto restlos überzeugen.
- **Service**: Du solltest von Anfang an einen guten, vertrauenerweckenden und verlässlichen Service bieten! Schnell und präzise auf Fragen antworten, deine Produkte sicher und gut verpacken und immer im Hinterkopf behalten, wie dein Kunde sich dabei fühlen wird.
- **Schneller Versand**: Du solltest besonders darauf achten, deine angegebenen Lieferzeiten einzuhalten und deine Produkte möglichst schnell und sicher zu deinen Kunden zu bringen.

„Für mich war von vornherein klar, dass ich meine Sachen nicht über Etsy verkaufen möchte. Ich fand das für ein Schmucklabel, wie ich es mir aufbauen wollte, unprofessionell. Ich habe daher direkt den Fokus auf meine eigene Webseite und den zugehörigen Shop gelegt."

NINA KASTENS | SCHMUCKDESIGNERIN

Ein eigener Onlineshop

Um einen eigenen Onlineshop zu erstellen, suchst du dir am besten einen Programmierer oder Webdesigner, der das Ganze optimal und individuell für dich umsetzt, oder du entscheidest dich für eines der zahlreichen Baukastensysteme wie Wordpress oder Jimdoo. Mehr Infos findest du auch im Kapitel 7.

TIPPS

5 Tipps zum eigenen Onlineshop

Leg dir ein Warenwirtschaftssystem an. So behältst du die Übersicht über deine Bestellungen, die Buchhaltung und deinen Lagerbestand.

Vor allem wer kein großes Budget hat, um für einen besseren Platz bei Google und Co zu bezahlen, sollte sich mit dem Thema SEO beschäftigen, damit der Shop in einer entsprechenden Suche an einer nennenswerten Stelle auftaucht.

Ganz besonders bei den Themen Bezahlen, Versand und Reklamation ist Zuverlässigkeit ein wichtiges Stichwort. Wenn mal etwas schiefgeht, unbedingt mit dem Kunden kommunizieren. So etwas steht sonst schnell in den Bewertungen auf Facebook und Co und spricht sich herum.

Die einfachsten und sichersten Zahlungsarten sind Paypal und Vorkasse. Diese sind meistens bei den Baukastensystemen bereits integriert. Man sollte sich seine Zielgruppe jedoch gut anschauen, ob nicht vielleicht eine Kreditkartenzahlung für sie ein echtes Plus wäre.

Rechtliche Hinweise und Impressum nicht vergessen! Um dich abzusichern, gehst du diese am besten mit einem Anwalt durch.

INFO: SEO

Unter dem Begriff SEO (englische Abkürzung für Search Engine Optimization) versteht man eine sogenannte Suchmaschinenoptimierung. Das sind Maßnahmen, um deine Webseite und ihre Inhalte bei den Suchmaschinen wie Google und Co möglichst weit nach oben zu bringen, ohne dafür bezahlen zu müssen. Dafür gibt es einige Tipps und Tricks, wie man Keywords (also die Begriffe, nach denen jemand sucht, der auf deiner Seite landen soll) ideal einsetzt. Weitere Informationen kannst du gut online recherchieren. Es gibt zahlreiche Artikel zu dem Thema, mit deren Hilfe du vieles leicht selbst umsetzen kannst.

3 besondere Onlineshops

NATURALOU | BRAUNSCHWEIG

In diesem Shop kann man alles zum Thema Nachhaltigkeit und Zero Waste erwerben, von Menstruationstassen über feste Zahnpasta und Seifen bis hin zu verschiedenen Verpackungshilfen. Bestellungen werden, wenn möglich, in bereits gebrauchten Versandkartons verschickt – oder man kann sich die Waren auch direkt in Louisas kleinem Laden in Braunschweig abholen. ✱ *https://naturalou.de*

GRETAS SCHWESTER | BERLIN

Sarah Neundorf, die auch die Illustrationen für dieses Buch beigesteuert hat, verkauft ihre Prints, Postkarten und selbst entworfenen Stofftiere in ihrem kleinen, aber feinen Onlineshop. Alle Produkte werden von ihr selbst entworfen, mit Liebe verpackt und versendet. Besonders toll sind auch die Reise- und Schwangerschaftsbücher, in denen man ihre wunderschönen Illustrationen mit seinen eigenen Erinnerungen kombinieren kann.

✱ *https://www.gretasschwester.com/shop/*

LUICELLA'S ICE CREAM | HAMBURG

Eisliebhaber, aufgepasst! Hier kannst du nicht nur die sauleckeren Eissorten von Luicella's aus Hamburg zu dir nach Hause bestellen, du kannst sie auch selbst nachmachen – und das mit oder ohne Eismaschine. Einfach online den Eis-Mix bestellen, nach Anleitung zubereiten, nach Geschmack verfeinern und einfrieren. Mjam!

✱ *https://luicellas.de*

Bilder für deinen Onlineshop

Produktbilder sind für Onlineshops superwichtig! Dabei gibt es verschiedene Varianten. Du kannst diesbezüglich auch noch mal in Kapitel 9. zur Bildsprache nachlesen, wie du einen eigenen Stil für diese Bilder entwickeln kannst. Dort findest du außerdem einige Tipps und Tricks für tolle Fotos.

Freisteller und Arrangements

Für einen Onlineshop brauchst du beides: Sowohl freigestellte Bilder, bei denen dein Produkt im Detail zu erkennen ist, als auch lebhafte Motive, bei denen das Produkt in einem stimmungsvollen Zusammenhang präsentiert wird.

Freistellen bedeutet die Befreiung eines Motivs von einem störenden Hintergrund. In der Regel fotografiert man das Produkt auf

einem weißen Hintergrund und schneidet es dann mithilfe eines Bildbearbeitungstools wie Photoshop aus.

Ein Flatlay ist ein arrangiertes Stillleben, das meist von oben fotografiert wird. Es wird gerne zur Präsentation von Produkten verwendet, da man dafür kein Model benötigt und das Produkt trotzdem in einem passenden Umfeld zeigen kann. Man kann damit eine ganz eigene Bildsprache entwickeln, die der Kunde oder User vielleicht sogar wiedererkennt.

TIPPS FÜR FLATLAYS VON JULES VILLBRANDT

Flatlays gestalten

* **Alles, was auf dem Bild drauf ist,** sollte Sinn machen. Also keine Elemente nur zur Verschönerung ins Bild legen, die keinen Bezug zum restlichen Aufbau haben bzw. sogar eher stören können.

* **Mach dein Produkt verständlich.** Wenn ein Produkt z.B. mit Wasser zu tun hat, sollten auch ein paar Wasserspritzer zu sehen sein oder das Element anders aufgegriffen werden.

* **Wenn eine Haptik dargestellt werden soll,** z.B. ein besonders weicher Pullover oder ein heißer Kaffee, achte darauf, dass der Kaffee auch dampft, um dieses Gefühl zu transportieren.

* **Achte darauf,** dass auch der Untergrund bzw. Hintergrund zu der Geschichte passt und die Farben und Produkte ideal unterstützt.

* **Ich bin ein großer Fan von Symmetrie,** ich fotografiere also parallel zur Tischplatte oder zur Wand, so entsteht eine einheitliche Dynamik im Bild.

FALLEN BEIM ONLINESHOP UMGEHEN: TIPPS VON STEFANIE SCHNELL-HAMMER

Kleine Fallen beim eigenen Onlineshop umgehen

Wenn man den Onlineshop mit einer Agentur oder einem Programmierer umsetzt, sollte man unbedingt darauf achten, dass man selbst auch einiges ändern kann. Je besser man sich mit seinem Onlineshop auskennt, desto günstiger werden hinterher Ergänzungen oder Änderungen. Wir haben z.B. einen Webshop, der sehr speziell ist – entsprechend schwierig und teuer ist es, jemanden zu finden, der das kann.

Man kann einiges selbst machen. Am besten schon vorher überlegen: Was kann ich selbst, worin bin ich gut und das dann selbst in die Hand nehmen. Spart in der Zusammenarbeit mit einer Agentur Zeit und Geld.

Professionelle Hilfe dazuholen. Wir hatten für unsere Webseite eine Texterin. Ich habe selbst den Entwurf geschrieben, und sie hat ihn anschließend glattgezogen. Ein Tipp ist also, sich Menschen mit ins Boot zu holen, die bestimmte Dinge einfach besser können, als man selbst.

Man sollte einen Schritt nach dem anderen machen. Wir hatten zum Beispiel noch keine Webseite und kein Logo, aber wir hatten schon die Verpackungsdosen für den Versand unserer Kekse. Hier einfach den vierten Schritt vor dem ersten zu setzen war auf jeden Fall ein Fehler und wenig zielführend.

Bei vielen Sachen muss man einfach mal machen. Wir haben zum Beispiel unheimlich viel darüber nachgedacht, wie der Versand und Fertigungsablauf sein sollten, ohne dass überhaupt eine einzige Bestellung eingegangen war. Als diese dann kam, war doch alles ganz anders als geplant.

Zusammenfassung

Ob Onlineshop, eigener Laden oder eigenes Café, am wichtigsten ist es, sich ein gutes, schlüssiges Konzept zu überlegen. Mach dir einen genauen Plan, was wann zu erledigen ist und wie dein Budget aussieht. Lass dich dabei ruhig von anderen inspirieren, passe tolle Ideen an dein Konzept an und schau, wie du daraus etwas Einzigartiges machen kannst. Du wirst viel Zeit mit dieser Idee verbringen, daher sollte dein Konzept zu deinem Leben passen und du zu 100% selbst davon überzeugt sein. Dann steht deinem Erfolg nichts mehr im Weg!

KAPITEL 12

Selbst & ständig?

Die größte Angst bei Selbstständigkeit ist oft die Unberechenbarkeit. Gehalt, Arbeitszeiten, Auszeiten und Urlaube sind nicht in eine 40-Stunden-Woche eingetaktet. Fast jeder bekommt den alten Spruch von »selbst und ständig« zu hören. Aber am Ende bist nur du dafür verantwortlich, wie deine Selbstständigkeit aussieht.

MIT

Miriam Jacks MAKE-UP-ARTIST

Her mit »selbst«!

Um eins vorwegzunehmen: Eine Selbstständigkeit ist nur bedingt planbar. Jobs können ausfallen, Kunden abspringen oder plötzlich hinzukommen. Wochen, in denen du mangels Aufträgen um deine Finanzen bangst, wechseln sich ab mit Wochen, in denen du vor lauter Arbeit nicht weißt, wo oben und unten ist. Das gehört zur Selbstständigkeit dazu. Und ja, am Ende bist immer du der Ansprechpartner für deine Mitarbeiter, Kunden, Auftraggeber und das Finanzamt. Das alles bedeutet selbst und ständig.

Aber – und das ist ein wichtiges »Aber« – du musst dich dem Ganzen nicht ausliefern. Auch eine Selbstständigkeit lässt sich in einem gewissen Maß planen. Manchmal muss man dafür allerdings eine schmerzhafte Entscheidung treffen. Ein Beispiel: Ich hatte in einem Jahr einer tollen Pressereise zugesagt. Es sollte in ein Land mit viel Sonne gehen, und ich wollte danach eine Geschichte für ein Magazin darüber machen. Kurz nachdem ich die Pressereise zugesagt hatte, kam die Anfrage für den bisher größten Job meiner Karriere. Und der lag, wie sollte es anders sein, genau in diesem Zeitfenster. Ich hatte also die Wahl: Reise oder Job – und habe mich am Ende gegen die Reise und für den Job entschieden. Die Zeit während des Jobs war unfassbar stressig, und parallel musste ich die Bilder der Kollegen von Kokosnüssen und Stränden auf den sozialen Netzwerken ertragen. Mehr als einmal habe ich meine Entscheidung angezweifelt, aber am Ende konnte ich mir mit dem Geld den Rest des Jahres ein entspanntes Arbeiten erlauben. Ich habe eine Mitarbeiterin zur Unterstützung beschäftigt und konnte auch mal Aufträge ablehnen oder ein langes Wochenende einlegen.

Auch als Selbstständige können wir also unsere Auftragslage und unser Arbeiten selbst bestimmen. Wir müssen nur damit leben, woanders dafür Abstriche zu machen. Die Entscheidung, welche Prioritätensetzung gerade wichtig und notwendig für uns ist, liegt aber immer in unseren Händen.

»Ich habe den Vorteil, dass ich ungebunden bin, ohne Familie und Kinder, ohne Hypothek, und ich habe entschieden, dass es für mich und mein Leben nur diesen Weg gibt. Ich bin noch lange nicht da angekommen, wo ich hinmöchte, aber wenn ich eine Sache in der Zwischenzeit gelernt habe, dann, dass einem nichts hinterhergeworfen wird. Wenn du etwas willst, dann musst du es dir holen.«

STEFANIE SCHÖNINGER | ATELIER STEFANI

Selbstzweifel

Fast jede Selbstständige kennt die Angst davor, nicht genug zu sein. Nicht genug zu wissen oder zu können, »enttarnt« zu werden. Das Gefühl verstärkt sich oft noch, wenn man kein Dokument in der Tasche hat, das besagt: Jawohl, du hast dein Handwerk gelernt, hier ist deine Bescheinigung. Manchmal macht aber genau die Abwesenheit einer solchen Bescheinigung sehr frei – im Kopf und von den »Das haben wir immer schon so gemacht«-Gedanken.

Ein paar Beispiele gefällig?

* **Franziska von Hardenberg** hat mit Bloomy Days einen Onlineshop für Blumen gegründet, ohne selbst Floristin zu sein.
* **Jules Villbrandt** ist begeisterte und heiß begehrte Fotografin, ohne den Beruf gelernt zu haben.
* **Anna Alex** gründete mit Outfittery ein Modeimperium, ohne vorher eine Ausbildung im klassischen Einzelhandel gemacht zu haben.

Schluss mit »ständig«

Ich setze mich immer am Anfang eines Jahres hin und schaue mir das vergangene Jahr an: Was war gut? Was hat mir gefallen? Wovon möchte ich mehr machen? Genauso schaue ich mir an, was nicht so gut war, mich geärgert oder angestrengt hat.

Dazu schreibe ich mir Ziele auf, die ich in diesem Jahr erreichen möchte. Zum Beispiel weniger zu arbeiten und mich mehr auf die Familie zu konzentrieren. Oder einen Bereich auszubauen, mit bestimmten Kunden verstärkt zu arbeiten oder Projekte zu vergrößern.

Meist spürt man ganz gut, wie das letzte Jahr war und was sich ändern muss. In einem Jahr habe ich wahnsinnig viel gearbeitet und hatte am Anfang des nächsten Jahres das Gefühl, mal einen Gang runterschalten zu müssen, um wieder zu meiner Kreativität zurückzufinden. Ein anderes Jahr war gut zum Auftanken, und man startet mit echter Power und tausend neuen Plänen und Ideen. Wichtig ist eigentlich nur: Steck dir Ziele, die du erreichen kannst, und leg los!

Um im Tagesgeschäft nicht ständig von A nach B zu hetzen und drei Aufgaben parallel zu jonglieren, hilft eine strukturierte Planung. Ich setze mich immer montags mit einem Kaffee an meinen Schreibtisch und plane meine Woche.

TIPPS ZUR PLANUNG DEINER ARBEITSWOCHE

- **Meetings und feststehende Termine** werden als Erstes eingetragen.
- **Liste mit To-dos erstellen** und auf die Wochentage verteilen.
- **Private Termine einplanen.** Der Yogakurs oder der Lunch mit der Freundin sollten wie ein Arbeitstermin fest eingetragen werden, sonst fällt genau das am Ende hintenüber.
- **Zeit für Routineaufgaben einplanen**, die immer wieder anfallen, wie zum Beispiel Mails beantworten.
- **Pack dir deinen Tag nicht zu voll!** Es kommen immer noch weitere Aufgaben hinzu, und du brauchst Zeitfenster, um diese abzuarbeiten.
- **Deadlines**: Notiere dir zu jedem Termin die Abgabefristen und versuche immer, einen Puffer bis zu diesem Termin einzubauen.

Es hat viele Vorteile, sein eigener Chef zu sein. Man kann sich die Zeit frei einteilen, einfach mal einen Nachmittag freimachen, wenn die Sonne scheint, und dafür abends die Stunden dranhängen. Aber es kommt eben auch niemand und schickt einen in den Feierabend, und man hat keine Kollegen, mit denen man sich diesbezüglich vergleichen kann. Das führt bei vielen Selbstständigen dazu, dass sie ihre Freiheit gar nicht nutzen, sondern sich massiv unter Druck setzen. Eigentlich ist die Woche schon voll, aber dann kommt noch eine Anfrage, die man nicht ausschlagen will – und schon ist das freie Wochenende Geschichte. Das ist ab und zu auch völlig in Ordnung, denn wir arbeiten ja für uns selbst. Alles, was wir mehr machen, kommt direkt uns, unserem Konto oder Portfolio zugute. Es darf aber nicht die Regel sein, denn genau wie es keinen Chef gibt, gibt es eben auch keine Vertretung. Wenn du ausfällst, fängt das nicht der nette Kollege ab. Wenn du krank bist, sitzt du im schlechtesten Fall auch mit Fieber noch an dem Projekt, weil die Deadline eben keine Rücksicht auf Grippeviren nimmt. Um es gar nicht erst so weit kommen zu lassen, solltest du auf einige Punkte achten.

* **Pass auf dich auf!** Plane Ruhephasen, Sport und Zeit für Essen ein. Du brauchst deinen Körper und musst ihn daher auch gut behandeln.
* **Mach Urlaub!** Auszeiten sorgen für mehr Kraft, Motivation und neue Ideen.
* **Überleg dir einen Notfallplan.** Wer kann dich wie entlasten, wenn du krank wirst? Was hilft dir, um gar nicht erst krank zu werden?
* **Setze Prioritäten.** Das eine Projekt muss bis Dienstag fertig werden? Fein, dann müssen die anderen eben erst einmal warten.
* **Reden hilft!** Wenn du merkst, dass du eine Deadline nicht halten kannst, sprich früh mit dem Kunden. Oft gibt es die Möglichkeit, noch mal etwas zu schieben, aber eben nicht am Tag der Abgabe.

3 Tipps für mehr Zufriedenheit in der Selbstständigkeit

„Ein ganz wichtiger Rat: Nimm Urlaub! Nur wenn du wirklich raus bist, kannst du rauszoomen und dann hinterher schauen, wohin sich alles entwickelt und wohin du dich selbst entwickelst. Das ist so, so wichtig!"

ANNA ALEX | OUTFITTERY

„Lerne abzuschalten! Ich nehme sonntags, wenn die Woche geschafft ist, ein heißes Bad und mache einfach gar nichts. Ich schaue mir eine Serie an oder höre Musik und entspanne einfach. Das habe ich mir angewöhnt. Ich schließe die Tür hinter mir und bin für keinen zu erreichen. Mein Handy bleibt draußen, und ich habe Ruhe und Quality-Time nur für mich."

SARAH HALLMANN | HALLMANN & KLEE

„Mach dir nicht so viele Sorgen! Die Hälfte der Sachen, über die du dir gerade Gedanken machst, wird sich von selbst erledigen. Ich hätte die ein oder andere Nacht lieber schlafen sollen, statt mir Sorgen zu machen. Denn meistens gibt es doch für alles eine Lösung. Man muss sie nur finden!"

JENNIFER BROWARCZYK | FOREVERLY

Zusammenfassung

Du entscheidest, wie, wann und wo du arbeitest. Das bedeutet Freiheit und Verpflichtung gleichermaßen. Am wichtigsten ist daher deine Motivation. Du musst so richtig Lust auf deine Idee und deine Arbeit haben, denn selbstständig zu sein ist nicht immer leicht. Ich selbst stehe bis heute jeden Tag mit dem Gefühl auf, dass ich unheimlich Lust habe auf das, was ich da tue. Und ich bin sehr dankbar, damit meinen Lebensunterhalt verdienen zu können.

MACHERIN

Miriam Jacks

“Man fängt nicht mit einem Tagessatz von 500 Euro an. Ich habe früher alle Jobs mitgenommen, die sich anboten, und ich habe teilweise so gut wie gar nichts damit verdient. Das ist allerdings auch etwas, das viel zu meinem späteren Erfolg beigetragen hat.”

2009
Eröffnung JACKS beauty department

Shootings mit Karl Lagerfeld, Peter Lindbergh & Co.

2011
Vertrag als National Make-up-Artist mit L'Oréal Paris

2016
Insolvenz der Franchise-Partnerin in München

2017
Schließung des Berliner Ladens

2018
Ausbau der Eigenmarke und zahlreiche neue Geschäftsideen

Miriam Jacks gehört zu Deutschlands bekanntesten Make-up-Artists und hat es geschafft, ihren Namen zu einer Marke zu machen – ein eigener Laden und verschiedene Pinselkollektionen inklusive. Doch auch bei ihr lief nicht immer alles glatt. Einige harte Rückschläge, ein Burn-out, aber auch die Geburt ihres Sohnes haben sie zu der gemacht, die sie heute ist.

Aller Anfang ist schwer

Meine Eltern und Großeltern waren selbstständig, ich kenne das also gar nicht anders. Meine Eltern hatten einen Fashion Store, wodurch ich schon früh ungewöhnliche Berufe und Berufsfelder kennengelernt habe. Meine Eltern haben Modenschauen und Fotoshootings veranstaltet, und ich weiß, dass ich schon von ganz klein an gesagt habe: »Ich möchte mal Schminkerin werden.«

Als ich zwölf Jahre alt war, sind meine Eltern ganz schlimm in die Insolvenz geschlittert und haben alles verloren. Für meine Entwicklung war das aber wahrscheinlich sogar gut, weil es meinen Kampfgeist enorm entfacht hat. Ich habe mit 14 angefangen zu jobben, weil ich wusste, eine Make-up-Ausbildung kostet viel Geld, und meine Eltern können mir das nicht einfach so finanzieren.

> **„Ich habe fast nur noch für JACKS beauty department gearbeitet, aber mir nach wie vor nichts ausgezahlt. Zur gleichen Zeit ging mein erster Franchise-Ableger in München in die Insolvenz, sodass ich noch eine weitere Baustelle hatte. Für mich war das gleichzeitig die schwierigste und glücklichste Zeit meines Lebens."**

Von Witten nach Hollywood

Ich beendete mit 18 Jahren die Schule nach der zwölften Klasse und ging für ein Jahr als Au-pair-Mädchen nach New York, um für den Job richtig gut Englisch zu lernen. Ich hatte damals wirklich unverschämtes Glück, denn ich habe mein Au-pair-Jahr bei der Familie des Präsidenten von Universal Records absolviert. Plötzlich saß ich in einem Schloss auf Long Island.

Die Familie hat mich sehr unterstützt und mir geraten, meine Ausbildung in den USA zu machen. Ich ging noch mal ein Jahr nach Deutschland, um mir das Geld für die Schule in L.A. zu verdienen, und zog dann nach Hollywood, um bei Make-up Designory meine Ausbildung anzufangen. Das war genau der richtige Schritt. Ich fuhr schon nach einer Woche Ausbildung zum ersten Mal zu einem Job nach Hollywood und assistierte einer berühmten Make-up-Artistin am Set der großen HBO-Serien.

Das klingt jetzt nach einem absoluten Traum, aber letztlich ist Hollywood echt nicht der Ort, an dem ich leben wollte. Ich habe in einem winzigen Zimmer bei einer Frau mit sieben Katzen gelebt, bei der ständig die Obdachlosen vor der Tür saßen. Außerdem durfte ich mit meinem Studentenvisum nicht arbeiten gehen, sodass mir irgendwann das Geld ausgegangen ist. Aber ich habe durchgehalten.

Die Anfänge der Selbstständigkeit

Zurück in Deutschland, versuchte ich, in Köln als selbstständige Make-up-Artistin Fuß zu fassen. Ich arbeitete drei Tage die Woche bei MAC, kellnerte nebenbei noch und nahm alles nur Erdenkliche an Test-Shootings und Jobs an, um mir ein Portfolio aufzubauen.

Das sage ich heute auch immer allen, die neu in dem Business sind: Man fängt nicht mit einem Tagessatz von 500 Euro an. Ich habe früher alle Jobs mitgenommen, die sich anboten, und ich habe teilweise so gut wie gar nichts damit verdient. Das ist allerdings auch etwas, das viel zu meinem späteren Erfolg beigetragen hat. Ich arbeitete zum Beispiel mal bei einem ganz kleinen Weihnachtsfilm, der komplett unbezahlt war. Bei diesem Film waren allerdings auch zwei RTL-Schauspieler dabei, die mich dann in die RTL-Maske mit reingebracht haben. Darüber bin ich zu Germany's Next Topmodel gekommen und habe da sechs Jahre lang regelmäßig Make-up gemacht. Bei mir hat sich immer wieder aus einer Sache eine andere ergeben. Man darf sich einfach für nichts zu schade sein.

Der Weg nach oben

Drei Jahre habe ich sehr erfolgreich im Film- und TV-Business in Köln gearbeitet, dann riet mir meine Agentin, von Köln nach Berlin zu ziehen, um dort die großen Jobs in der Fashion-Branche an Land zu ziehen, und so war es dann auch tatsächlich. Ab dem Tag, an dem es hieß »Miriam Jacks ist in Berlin buchbar«, habe ich plötzlich mit Karl Lagerfeld gearbeitet, mit Peter Lindbergh, habe rich-

tig tolle Editorials für alle möglichen Magazine geshootet und schließlich sogar an einem Vogue-Editorial mitgearbeitet. Aber auf dem Weg merkt man eben auch oft, wie weit die eigene Traumvorstellung von der Realität entfernt ist. Es war zum Beispiel immer mein Traum, ein Vogue-Editorial zu machen. Als dann die Zusage kam, mit meinem Vorbild Loni Baur eine riesige Strecke für die Vogue zu machen, musste ich aber feststellen, dass es doch nicht so traumhaft war. Der Verlag hat nur 80 Euro am Tag gezahlt, es waren unfassbar lange Arbeitszeiten, und es war alles viel unglamouröser, als ich mir das vorgestellt hatte. Aber es kamen natürlich neue Träume dazu.

Der eigene Laden

Ich wohnte erst drei Monate in Berlin, da wurde mir über eine Bekannte ein kleines Ladenlokal angeboten. Ich wollte mich schon länger mit einem eigenen Laden von der Masse der Make-up-Artists abheben, und diese Räumlichkeiten fühlten sich direkt richtig an: 50 m^2 im Prenzlauer Berg, zusammen mit einer Kosmetikerin, eine gute Lage und nur 700 Euro Miete im Monat.

Meine Idee war es, internationale Nischenmarken nach Deutschland zu holen und sie zusammen mit einem Make-up-Service vom Profi anzubieten.

Für mich war aber auch von vornherein klar, dass ich als Make-up-Artist & Hairstylistin durch die Welt reisen wollte und ich daher Personal einstellen musste, was auch super geklappt hat, solange alles überschaubar war.

Höhen und Tiefen

Durch meinen Laden bekam ich viel Presseaufmerksamkeit, wodurch ich wiederum andere Jobs wie meinen Exklusivdeal mit L'Oréal Paris ergatterte. Aber es gab natürlich auch eine andere Seite: Ich habe den Laden jahrelang aufgebaut und sehr viel für das Beauty-Konzept gearbeitet und mir in der kompletten Zeit nicht einen Cent ausgezahlt. Ich verdiente mit meinen Jobs Geld, und der Laden war eben mein Aushängeschild. Alles, was ich verdiente, steckte ich wieder in den Laden. Dennoch wollte ich mich vergrößern und den kleinen Laden gegen eine größere Location austauschen. Ich fand schließlich ein Ladenlokal mit 180 m^2 über zwei Etagen, das Platz für 35 Beauty-Brands, viele Service-Dienstleitungen und dementsprechend viele Mitarbeiter bot. Doch dann kam alles anders als gedacht. Wir hatten 65.000 Euro für den Ausbau des Ladens eingeplant, und als das Geld zu Ende ging, war der Laden noch immer eine Ruine. Es wurden letztendlich 120.000 Euro.

Wir haben zum Glück dennoch sehr erfolgreich eröffnet, und der Laden sah traumhaft schön aus. Doch dann bin ich drei Monate nach der Eröffnung schwanger geworden. Natürlich war es auch hier wieder geplant, dass JACKS beauty department auch ohne mich funktioniert, hat es aber eben in dieser Größenordnung nicht mehr. Wir hatten zu der Zeit acht Festangestellte und Fixkosten von 35.000 Euro pro Monat. Die musst du erst einmal reinbekommen. Der Laden lief zwar supergut, aber für mich war das Ganze eine maßlose Überforderung.

Ich habe fast nur noch für JACKS beauty department gearbeitet, aber mir nach wie vor nichts ausgezahlt. Zur gleichen Zeit ging mein erster Franchise-Ableger in München in die Insolvenz, sodass ich noch eine weitere Baustelle hatte. Für mich war das gleichzeitig die schwierigste und glücklichste Zeit meines Lebens, denn ich hatte ja auch gerade meinen Sohn bekommen. Wenn mein Sohn nicht gewesen wäre und mich abgelenkt hätte, wäre ich wahrscheinlich durchgedreht.

Die Schließung des Ladens & ein Neuanfang

Die Schließung des Ladens war für mich eine wirklich schwere Entscheidung, weil ich mich so stark mit ihm identifizierte. Am Schluss zog aber mein Mann für mich die Reißleine. Zwar hatte ich 2,5 Jahren zuvor 120.000 Euro in den Laden investiert, aber als ich die Entscheidung dann getroffen hatte, wollte ich auch gleich Tatsachen schaffen. Ich sprach am nächsten Tag mit meinen Mitarbeitern, und wir haben den Laden innerhalb weniger Wochen geschlossen, was sich bis heute gut anfühlt, denn es war die richtige und vernünftige Entscheidung.

Jetzt konzentriere ich mich wieder mehr auf mein Kerngeschäft, die Jobs als Beauty-Expertin, und baue gleichzeitig meine Eigenmarke aus. Wir haben gerade diese Woche 40.000 Pinsel gefertigt. Sie werden von uns handbemalt. Den Vertrieb von JACKS beauty line habe ich seit der Schließung der Stores wieder an mich genommen, was die beste Entscheidung war. Außerdem habe ich unter dem Namen JACKS beauty department eigenen Blog gestartet, auf dem ich von neuen Beauty-Themen und meinem Leben als Mama und Unternehmerin berichte. Ich bereue nicht einen einzigen Schritt, denn ohne sie wäre ich heute nicht da, wo ich bin. Und damit bin ich sehr glücklich!

KAPITEL 13

Vom Scheitern und Wiederaufstehen

In Deutschland haben wir einen merkwürdigen Umgang mit dem Scheitern. Während man in den USA erst eine gestandene Geschäftsfrau ist, wenn man wenigstens einmal am Boden war, werden in Deutschland Fehlentscheidungen lieber unter den Teppich gekehrt. Dabei ist doch nichts ermutigender als jemand, der sich nach einer Niederlage aufrappelt und weitermacht.

MIT

Franziska von Hardenberg BLOOMY DAYS

Was kann denn eigentlich schiefgehen?

> „Ich bestärke jeden darin, sich selbstständig zu machen. Jeder, der eine Idee hat, sollte es wenigstens versuchen. Mehr als verlieren kann man ja nicht. Und falls man scheitert, lernt man daraus. Wenn man später zurückschaut, stellt man fest, dass man das meiste aus seinen Fehlern gelernt hat. Und das sind auch die Momente, die dich am stärksten prägen."

JENNIFER BROWARCZYK | FOREVERLY

Mit einer Selbstständigkeit geht natürlich die Angst vor dem eigenen Scheitern einher. Viele machen sich schon vorher so viele Sorgen, was alles schiefgehen könnte, dass sie den Schritt lieber gar nicht erst wagen.

Es gibt unheimlich viele Horrorszenarien, die man sich vor einer Selbstständigkeit ausmalen kann, aber schauen wir uns die größten Sorgen doch einfach einmal an:

1 Ich finde keine Kunden

Das Café bleibt leer, das E-Mail-Postfach auch, und man sitzt den ganzen Tag am Tisch und trommelt ungeduldig mit den Fingern. Wenn das dein Horrorszenario ist, lass dir gesagt sein, dass du an diesem Punkt noch ziemlich viel selbst in der Hand hast. Kunden kommen nämlich in den wenigsten Fällen einfach so ins Haus geschneit. Du musst sie dir schon suchen. Du kannst Werbung für dich oder dein Geschäft machen, die PR-Maschinerie ankurbeln, du kannst Akquise machen und potenzielle Geschäftspartner ganz gezielt anschreiben.

Außerdem kannst du jederzeit dein Konzept noch mal anschauen und überprüfen, was vielleicht noch fehlt. Du hast immer die Möglichkeit, dein Konzept zu verändern, anzupassen und einen Neustart zu wagen. Das bedeutet natürlich nicht, dass du dein Café direkt wieder zumachen sollst. Aber vielleicht startest du eine Eventreihe, zum Beispiel einen wöchentlichen Buchclub. Vielleicht sind deine Öffnungszeiten nicht ideal. Vielleicht fehlt etwas auf der Karte. Bitte Freunde oder Bekannte, als Gast zu kommen und dir ehrlich zu sagen, was ihnen auffällt.

Gleiches gilt für Kreative oder für deine eigenen Produkte: Sind deine Leistungen präsent genug? Sind sie gut platziert? Kannst du noch mehr Werbung in eigener Sache machen?

Nutze die Zeit, die du in einem Leerlauf hast, um weiter an deinem Konzept und deiner Idee zu feilen. Gib nicht gleich auf, sondern sieh es als Herausforderung an. Wenn es dir hilft, setz dir selbst eine Deadline, bis zu der sich etwas verändert haben muss.

2 Das liebe Geld

Wenn die Kunden ausbleiben, fehlt es auch an Geld, das ist klar. Daran kann man aber, wie oben beschrieben, arbeiten und sollte nicht direkt verzweifeln.

Es kann in Sachen Geld jedoch auch ernster zugehen. Mögliche Szenarien sind eine riesige Steuernachzahlung, die dich völlig überrascht, ein Kunde, der eine große Rechnung nicht bezahlt oder womöglich ganz abspringt, ein Vertrag mit einem Investor oder einer Bank, der plötzlich platzt.

Einiges davon kannst du selbst abfangen. Du solltest zum Beispiel unbedingt von Anfang an darauf achten, genügend Rücklagen zu bilden, um wenigstens drei Monate ohne Aufträge oder eine größere Nachzahlung beim Finanzamt überbrücken zu können.

3 Völlig verzettelt

Dass die Selbstständigkeit mehr erfordert als nur dein Kerngeschäft, wird rasch zur Belastung. Besonders Kreativen fällt der »Business«-Aspekt oft schwer. Aber es ist nun einmal so: Am Anfang bist du dein Sales-Chef, Finanzberater, Projektmanager und Kreativdirektor in einem. Das wächst dem einen oder anderen über den Kopf. Mit einer straffen Struktur kannst du dir selbst zu mehr Ordnung verhelfen. Oder du bezahlst andere Menschen dafür, dir zu helfen. Besonders ein Steuerberater ist für viele Selbstständige eine rettende Investition. In zahlreichen Städten gibt es auch Netzwerke und Meet-ups für Selbstständige, bei denen man sich Rat und Motivation holen kann.

Und wenn du am Ende doch merkst, dass die Selbstständigkeit nichts für dich ist, suchst du dir einfach wieder einen Job in der Festanstellung. Auch das ist nicht das Ende der Welt!

Ich brauche eine Auszeit

Deine Selbstständigkeit läuft richtig gut, und du hast viele Aufträge, Kunden oder Besucher. Statt zu wenig hast du eher zu viel Arbeit auf dem Tisch. An das letzte freie Wochenende kannst du dich gar nicht mehr erinnern, und die hartnäckigen Kopfschmerzen unterdrückst du seit Tagen mit Schmerztabletten. Wenn du jetzt nicht aufpasst, kommt der Tag, an dem du einfach nicht mehr kannst. Mit diesen einfachen Regeln kannst du das vermeiden:

TIPPS

- **Schaff ganz klare Regeln**, zum Beispiel, dass um 20 Uhr Laptop und Handy ausgemacht werden.
- **Nutze freie Zeiten** auch wirklich zum Entspannen, unternimm schöne Dinge, mach Sport und triff Freunde und Familie. Und schiel nicht immer wieder auf dein Handy oder in dein E-Mail-Postfach.
- **Nimm dir feste Zeiten in der Woche für dich.** Das kann der Sonntag sein, an dem immer Familienzeit ist, oder Dienstagabend der Spa-Besuch mit der besten Freundin.
- **Schaff dir auch Auszeiten im Kopf.** Meditation, Yoga oder Spaziergänge in der Natur können da helfen.

"Leider habe ich mich auch schon einmal mit zu vielen Projekten übernommen und befand mich mitten in einem Burn-out. Eine dreiwöchige Ayurveda-Kur in Indien hat mir dabei geholfen, mich wieder zu resetten, und mir beigebracht, im Alltag besser mit extremen Stressphasen umzugehen."

MIRIAM JACKS | MAKE-UP-ARTIST

"Sobald alle Kinder aus dem Haus sind, genieße ich in aller Ruhe einen guten Kaffee, wenn es die Zeit irgendwie zulässt. Das ist für mich ganz wichtig, um entspannt in den Tag zu starten. Wenn ich die Chance habe, fahre ich wahnsinnig gern an die Nordsee – einfach nach Sankt Peter-Ording hoch, um mich am Strand ordentlich durchpusten lassen. Das gelingt mir noch nicht so oft, weil ich meinen Job einfach so unheimlich gern mache. Ich habe mir meine Zelda-Zeit noch nicht konsequent freigeschaufelt, aber ich arbeite daran, darin noch besser zu werden."

ZELDA CZOK | WINKEL VAN SINKEL

"Meditation, der tägliche Spaziergang mit unseren Hunden Collin & Carry und ein bisschen Sport helfen immer, um den Kopf freizubekommen."

LAURA MUTHESIUS & NORA EISERMANN

OUR FOOD STORIES

Ich bin gescheitert - und nun?

Scheitern ist ein großes Wort, und die Grenze, wann es nicht mehr weiterzugehen scheint, ist oft sehr persönlich. Als Einzelunternehmerin kann dieser Punkt überschritten sein, wenn du über mehrere Monate keine Aufträge mehr generiert hast. Mit einem Laden oder Café wachsen dir vielleicht langsam, aber sicher die Kosten über den Kopf, und die Einnahmen gleichen diese einfach nicht aus. Bei einem Unternehmen können schon ein geplatzter Großauftrag oder ein abgesprungener Investor für ein plötzliches Ende sorgen. Jetzt hast du verschiedene Möglichkeiten.

Ist noch etwas zu retten?

Einige Monate Auftragsflaute können mit anderen Jobs ausgeglichen werden. Du könntest zum Beispiel erst einmal in einem Café kellnern gehen, um deine laufenden Kosten zu decken, und nebenbei weiter versuchen, deine Selbstständigkeit zum Laufen zu bringen. Vielleicht kannst du dich auch noch breiter aufstellen und Aufträge aus anderen Bereichen annehmen.

Mit einem eigenen Café oder Laden kannst du versuchen, deine Räumlichkeiten anderen für Events und Veranstaltungen zu vermieten. Vielleicht möchte jemand in deiner Küche Kochkurse geben, Workshops im Laden, oder du kannst deine Location abends für Lesungen, Poetry-Slams oder Ähnliches zur Verfügung stellen.

Platzt ein großer Auftrag oder klappt eine Finanzierung nicht, kannst du versuchen, diese durch andere Aufträge oder Investoren auszugleichen, und so das Ruder noch einmal herumreißen.

Das Ende

Als Erstes sei dir gesagt: Das Ende deiner aktuellen Selbstständigkeit ist nicht das Ende der Welt. Tatsächlich bedeutet ja jedes Ende auch den Anfang von etwas Neuem. Du musst dich jetzt nur darum kümmern, die Sache sauber abzuschließen. Wenn du keine

Schulden gemacht hast, bist du schon so gut wie durch. Such dir vielleicht erst einmal eine Festanstellung und genieß die Sicherheit, die damit einhergeht. Eventuell lässt sich der Job ja sogar mit einer reduzierten Form deiner Selbstständigkeit kombinieren, und du kannst beides weitermachen.

Bei jeder Art von Schulden, wende dich für die Abwicklung an einen Spezialisten. Das kann dein Steuerberater sein oder auch ein Anwalt. Gemeinsam findet ihr sicherlich die passende Lösung für dich. Du brauchst auch hier keine Angst zu haben. Dank Insolvenzverfahren und Co ist schnell wieder Licht am Ende des Tunnels zu sehen. Natürlich ist das nicht einfach, aber es wird wieder!

INFO: INSOLVENZ

Grundsätzlich kann jeder Insolvenz anmelden. Das Ziel eines Insolvenzverfahrens ist eine neue, schuldenfreie Zukunftsperspektive. Man unterscheidet zwischen einer Privatinsolvenz und einer Regelinsolvenz. Eine Privatinsolvenz kann von einer Privatperson beantragt werden, aber auch für Kleinunternehmer kommt die Privatinsolvenz in Betracht, sofern man Gewerbetreibender oder Freiberufler ist. Wenn man selbstständig bleiben möchte, ist die Regelinsolvenz das richtige Verfahren, da hier das Ziel im Vordergrund steht, das Unternehmen weiterzuführen, von der Restschuld zu befreien und einen Pfändungsschutz zu erwirken. Am besten lässt man sich von einem Anwalt beraten.

MACHERIN

Franziska von Hardenberg

„Wir sind aus einem Moment der Stärke in die Insolvenz gegangen. Unser Umsatz war gut, Anfang des Jahres hat uns noch Kanzlerin Merkel besucht, es lief eigentlich alles. Wenn trotz allem, was wir geleistet und geschafft haben, kein Geldgeber das Potenzial erkennt, dann sollte es vielleicht einfach nicht sein.“

2012
Idee zu Bloomy Days

Crowdfunding

2017
Die Kanzlerin ist zu Besuch

Insolvenz von Bloomy Days

Tochter Hedi kommt als Frühgeburt auf die Welt

2018
Ein neues Projekt: Holy Goldy

Franziska von Hardenberg hat mit Bloomy Days eins der erfolgreichsten Start-ups in Deutschland gegründet – und dann war von heute auf morgen alles vorbei. Einige Wochen später kam ihre Tochter Hedi als Frühgeburt auf die Welt. Doch statt aufzugeben, hat Franziska gekämpft, stand immer offen zum Scheitern ihres Unternehmens und macht anderen Frauen und Gründerinnen Mut. Sie ist so voller positiver Energie, dass man sie nur für ihren Weg und ihre Art, damit umzugehen, bewundern kann.

Bloomy Days

Bei meinem alten Arbeitsplatz bei Rocket kaufte ich jede Woche von meinem eigenen Geld Blumen und verteilte sie auf die Tische meiner Mitarbeiter. Dann zogen wir mit dem Büro um, ich hatte keinen Blumenladen mehr auf dem Weg zur Arbeit und überlegte, wie naheliegend und cool es wäre, wenn man sich Blumen ganz einfach liefern lassen könnte. Das gab es bis dahin noch nicht. Ich dachte also darüber nach, was die wichtigsten Faktoren wären, damit es funktioniert: Es muss bequem und regelmäßig sein. Man muss sich die Blumen bis nach Hause liefern lassen können. Sie müssen top frisch sein und länger halten als jene, die man im Laden bekommt. Und sie müssen fertig geputzt und an-

»Meine einzige Chance war es, mit absoluter Transparenz und Offenheit zu spielen. Ich entschied mich schließlich dagegen, Interviews zu geben, und habe stattdessen einen offenen Brief auf meiner Webseite und meiner Facebook-Seite veröffentlicht. Der Brief wurde über 100.000 Mal gelesen und hat eine echte Welle der Solidarität ausgelöst.«

geschnitten sein. Für mich war es nur logisch, das Ganze im Abo zu machen, mir war aber wichtig, dass es so flexibel bleibt, dass man pausieren kann, und dass das Abo auch jederzeit kündbar ist.

Ich kündigte also und besuchte ein Gründerseminar. Parallel dazu habe ich mit meinem Schwiegervater, der gelernter Kaufmann ist und sein ganzes Leben lang selbstständig war, meinen Businessplan geschrieben und meine Kalkulation aufgestellt. Und da ich das Ganze möglichst hands on angehen wollte, machte ich ein halbes Jahr lang zweimal die Woche ein Praktikum in einem Blumenladen. Da habe ich all mein Floristen-Wissen gesammelt und in ein Büchlein geschrieben.

2012 Finanzierung: Kredite, Crowdfunding und Investorensuche

Ich beantragte mit meinem 80-Seiten-Businessplan den Gründerzuschuss, aber da sagte man mir: »Schauen Sie sich mal Ihre Referenzen an. Da finden Sie sofort was Neues und brauchen den Gründerzuschuss nicht.« Ich war also total pleite und habe bei Banken wegen Krediten vorgesprochen. Das stellte sich allerdings auch als sehr schwierig heraus, weil viele das Konzept nicht verstanden und ich ja auch noch nichts vorzuweisen hatte. Letztlich habe mich dann schweren Herzens entschieden, mir die 25.000 Euro für die Gründung der GmbH von meinem Vater zu leihen. Die konnte ich auch tatsächlich bis heute noch nicht zurückbezahlen, weil man als Gründer ja leider einfach nicht so viel verdient.

Für mich war klar: Das ist mein Anfangsbudget. Dafür muss ich jetzt aber auch die Webseite live kriegen und das ganze Business up and running. Also haben wir uns fürs Crowdfunding entschieden. Für uns war das Crowdfunding in zweierlei Sicht ein echter Startschuss: Zum einen hatten wir die 100.000 Euro Startkapital zusammen, und zum anderen bescherte uns das im ersten Jahr ordentlich Presse und PR.

2017 – das plötzliche Aus von Bloomy Days

Wir haben 2016 den Umsatz verdoppelt und über eine Million Euro mehr Umsatz gemacht als geplant. 2016 war das beste Jahr überhaupt. Wir hatten die Business-Flowerboxen als neues Modell für die Zusammenarbeit mit Partnerfirmen eingeführt, und wir hatten jeden Online-Marketing-Kanal so aufgesetzt, dass er skalierbar war. Wir brauchten noch 1,5 Millionen Euro, bis wir schwarze Zahlen geschrieben hätten.

Wir hatten zum Muttertag 10.000 Pakete in zwei Tagen verschickt. Uns war also klar, wir müssen eine neue Investitionsrunde starten, um unsere Abläufe zukünftig noch weiter zu professionalisieren. Wir setzten uns also mit unseren Gesellschaftern zusammen, die beide zustimmten und je 750.000 Euro anboten.

Dann wurde einer dieser Gesellschafter jedoch schwer krank, und all seine Assets wurden eingefroren. Damit war klar, wir müssen jetzt entweder diese 750.000 Euro noch schnell besorgen oder wir müssen eine erneute große Investitionsrunde machen. Dazu muss man wissen, dass man im fünften Jahr natürlich schon eine sehr hohe Bewertung hat, ein Investor für 750.000 Euro also nur einen sehr geringen Anteil am Unternehmen bekommt. Dennoch fanden wir in einer großen Runde tatsächlich einen neuen Investor. Wir standen bereits kurz vor dem Notartermin, dann ist der Deal geplatzt.

Natürlich wusste ich, dass das immer passieren kann. Es ärgerte mich aber wahnsinnig, dass es so gut lief und am Ende an 750.000 Euro gescheitert

ist – was in diesen Dimensionen, bei fünf bis sechs Millionen Euro prognostiziertem Jahresumsatz, absolut lächerlich ist.

Die Insolvenz

Positiv an der ganzen Sache empfinde ich, dass wir aus einem Moment der Stärke in die Insolvenz gegangen sind. Unser Umsatz war gut, Anfang des Jahres hat uns noch Kanzlerin Merkel besucht, es lief eigentlich alles. Wenn trotz allem, was wir geleistet und geschafft haben, kein Geldgeber das Potenzial erkennt, dann sollte es vielleicht einfach nicht sein.

Wir beschlossen dann: Okay, wenn das hier jetzt zu Ende geht, dann machen wir das richtig und ordentlich – so wie wir immer alles machen wollten und gemacht haben. Wir gingen zum Anwalt und meldeten die Insolvenz an. Dann haben wir weitergesehen. Zum Glück hatten wir eine absolut korrekte Buchhaltung und konnten darum recht angstfrei in die Insolvenz gehen. Wir haben kein Geld für Mist ausgegeben, darum war auch sofort klar, dass die Gehälter unserer Mitarbeiter auch noch drei Monate weiter gesichert sind. Wir zahlten immer recht schmale Gehälter, aber an diesem Punkt konnten wir dann wenigstens eine gewisse Sicherheit bieten. Wir haben uns da echt durchgeprügelt und uns selbst nichts geschenkt.

Open Letter

Mir war klar, dass ich die Insolvenz nicht verheimlichen kann, es würde sowieso rauskommen. Das heißt, meine einzige Chance war es, mit absoluter Transparenz und Offenheit zu spielen. Ich entschied mich schließlich dagegen, Interviews zu geben, und habe stattdessen einen offenen Brief auf meiner Webseite und meiner Facebook-Seite veröffentlicht. Der Brief wurde über 100.000 Mal gelesen und hat eine echte Welle der Solidarität ausgelöst. Ich weiß natürlich nicht, was hinter vorgehaltener Hand und hinter meinem Rücken über mich gesprochen wurde, das wollte ich auch gar nicht unbedingt mitbekommen und habe mich davor sehr geschützt. Aber alles, was bei mir persönlich angekommen ist, war sehr positiv. Das ging bis zum Chefredakteur der Bildzeitung, der mir eine persönliche SMS geschrieben hat, um zu sagen: Kopf hoch, kennen wir alle, weiter geht's. Mir persönlich hat das in dieser Form sehr viel gegeben – auch die Erkenntnis, wenn man sich auf den Boden schmeißt und sagt »So das war's«, dass dann keiner nachtritt, sondern dass dir jeder eine Hand zum Aufstehen reicht.

Tochter Hedi kommt als Frühchen zur Welt

Zwei Wochen nachdem wir Insolvenz angemeldet haben, ist unsere Tochter Hedi als Frühchen auf die

Welt gekommen. Das war für uns als Familie natürlich ein Schock, es folgte eine anstrengende, aber auch besondere Zeit. Ich hatte zum ersten Mal in meinem Leben die Möglichkeit, mich wirklich nur auf mich und meine Familie zu konzentrieren. Und genau das habe ich dann auch getan. Wir haben vor zwei Jahren ein Landhaus in Brandenburg gekauft und mit viel Liebe restauriert. Das ist nun endlich bald fertig, ich verfüge über mehr Zeit für meine Familie und habe mir nebenbei gleich noch zwei neues Business aufgebaut, damit es nicht langweilig wird. Mit »Holy Goldy« verkaufe ich im Internet personalisierte Ketten und Armbändchen, und mit »The Hardenberg Consulting« berate ich Unternehmen bei Fragen der Digitalisierung und der richtigen Mitarbeitermotivation, hin zu mehr unternehmerischem Denken und Handeln im Konzern.

Generell muss man versuchen, so gut wie möglich mit jeder Art von schwierigen Situationen umzugehen. Eine Freundin sagte einmal zu mir: »Jeder bekommt nur die Herausforderungen gestellt, die er auch meistern kann.« Ich glaube das stimmt. Ich bin ein extrem positiver, nach vorne schauender Mensch. Das hat mir viel geholfen. Und wenn gar nichts mehr geht, höre ich diesen Song: Jack Radics, »It don't matter cause life has never been better«. Das ist dann so absurd, dass man auf jeden Fall anfangen muss zu lachen.

FRANZISKAS TIPPS, WENN MAN SCHEITERT

Man sollte darauf achten, dass man während der erfolgreichen Zeiten nicht alles vernachlässigt, Freunde, der Partner, die Familie sind der größte Halt und so unfassbar wichtig.

Nach vorne blicken, nicht zurück.

Triff deine Entscheidungen selbstbestimmt und selbstbewusst, dann bereust du hinterher weniger.

Karma strikes back. Ich habe in den letzten Jahren vielen Menschen weitergeholfen und Mentoring gemacht. Und das habe ich jetzt alles zurückbekommen. Das ist total schön zu sehen.

Man sollte sich immer so verhalten, wie man in den schlechten Zeiten selbst behandelt werden möchte: gegenüber Journalisten, Investoren, Mitarbeitern, Freunden und der Familie.

Register

Die Interviews mit den Macherinnen
sind **fett** gekennzeichnet

PIZZA

Bildnachweis

Umschlag: Cover und hintere Klappe:
Katharina Marisa Katz
Buchrückseite: Sarah Neuendorf
Innenteil: Alle Illustrationen von Sarah Neuendorf,
Bilder: Adobe Stock/© Victor zastol'skiy: S. 183
Sevda Albers: S. 111
Guido Castignoli: S. 13, 55, 89, 90, 92, 108, 222 oben
Manuela Clemens: S. 70
Jana Clevé: S. 112, 113
Cover Communications: S. 14, 88 unten, 109 Mitte, 173
Kristina Hermes: S. 21, 130, 214
Frida Edlund: S. 110, S. 150, 168, 235 unten
Aya Jaff: S. 124, 126, 127
Kaffeemitfreunden: S. 204
Katharina Katz: S. 7, 9, 149 oben, 178
Mirjam Kluka: S. 40, 135, 160, 162, 163, 164, 165, 209
Koch Kontor: S. 200 Mitte
Annika Lindtner: S. 28, 29, 30
LNFA: S. 200 unten
Edith Löhle: S. 56, 59, 60 oben, 77
Luicella's Ice Cream: S. 211 unten
Sophia Lukasch für femtastics: S. 139
Sophia Lukasch: S. 224, 226, 227, 229, 235 oben
mara mea: S. 83
Matcha You: S. 149 unten, 200 oben
May & Berry: S. 144, 145, 146, 147
Ralf Christian Mayer: S. 18, 54 oben, 109 unten, 117, 193, 194, 196, 197, 222
Carolina Moscato: S. 53 Mitte, 114, 119 Mitte, 121 oben, 188
Andrea Mühleck: S. 58
Sarah Neuendorf: 10, 11, 19, 20, 22, 23, 25, 33, 35 unten, 37, 38, 39, 43, 49, 50, 51, 60, 62, 63, 64, 65, 67, 73, 74, 75, 97, 98, 99, 103, 104, 121, 122, 123, 132, 133, 158, 159, 161, 166, 174, 175, 176, 177, 190, 191, 192, 201 unten, 208, 213 unten, 216, 217, 221, 223 unten, 230, 231, 233, 237
Philip Nürnberger: 78, 179
Our Food Stories: S. 151, 170, 171, 172
Outfittery: S. 94, 95
Miss Peacock: S. 199, 203,
Florian Reimann: S. 54 Mitte, 79, 109 oben, 120
Lilith Ribitzki: S. 202
Linda Rosa Saal: S. 26, 53, 116 Mitte, 189
Maria Schiffer: S. 36, 68, 72, 88 oben, 223, 232
Marvin Schoenberg: 107, 128, 180, 181
Leo Seidel: S. 61, 80, 82, 134
Sebastian Stöhr: S. 96
Nora Tabel für Edition F.: S. 85
Max Threlfall: S. 31
Camilla Torres: S. 44, 46, 47, 48, 219
Jules Villbrandt: S. 35, 53 oben, 66, 119 unten, 136, 140, 141, 148, 149 Mitte, 152, 154, 155, 156, 175, 211 Mitte, 212, 213
Frankziska von Hardenberg: S. 12, 84, 238, 240, 241, 242
Winkel van Sinkel/Carina Wendland/Pflanzenfreude.de: S. 101, 116, 201 Mitte, 206, 207, 235 Mitte
Sabine Wirsching: S. 86
wit & voi: S. 138
Nina Witte: S. 167, 211
Robert Zirk, erdbär GmbH: S. 17, 184, 186, 187

Danke

Als Erstes möchte ich mich bei all den starken und tollen Frauen bedanken, die Ideengeber für dieses Buch waren. Bei Sarah für die wundervollen Illustrationen, bei den lieben Menschen vom Knesebeck Verlag für die Chance, dieses Buch zu schreiben, und bei allen Macherinnen, die mir ihre Zeit und ihre Geschichten geschenkt haben und von denen jede einzelne eine echte Inspiration für mich ist.

Aber natürlich möchte ich auch den wichtigsten Menschen danke sagen, ohne die es das Buch nicht gegeben hätte: meinen Freunden, meiner Familie und den drei besonderen Frauen in meinem Leben – meiner Löwenmama, meiner Schwester und unserer kleinen Tochter, die mir während des Schreibens so viel Ruhe und Kraft gegeben hat.

Der größte Dank geht an meinen Mann Marc, der mir während der ganzen Zeit mit Ratschlägen, neuen Ideen, Zuspruch und jeder Menge Geduld zur Seite stand. DANKE!

Deutsche Originalausgabe
2. Auflage

Projektleitung: Marc Schmid, Knesebeck Verlag
Lektorat: Katharina Mauder, Hamburg
Gestaltungskonzept, Layout und Satz: Leonore Höfer, Knesebeck Verlag
Herstellung: Arnold & Domnick, Leipzig
Litho: Reproline Genceller, München
Druck: Polygraf Print spol. s.r.o.
Printed in Slovakia

ISBN 978-3-95728-188-3

www.knesebeck-verlag.de

MIX
Aus verantwortungsvollen Quellen
FSC® C023577